U0173908

地面综合观测业务软件
用户操作手册

（关联版本：ISOS Ver3.0.1.1206）

中国气象局气象探测中心　编著

气象出版社
China Meteorological Press

内容简介

本手册以地面综合观测业务软件(ISOS)所实现的功能和操作方法为基础,结合地面自动化观测新要求及《地面气象观测业务技术规定(2016版)》编制而成。

全书共分8章,主要内容包括概述、参数设置、实时观测、自定观测项目、查询与处理、设备管理、计量信息和BUFR格式文件等。旨在为广大地面气象观测业务人员提供快速、高效的软件操作技术方法,妥善解决业务工作中遇到的技术难题。

图书在版编目(CIP)数据

地面综合观测业务软件用户操作手册 / 中国气象局
气象探测中心编著. — 北京：气象出版社，2020.4(2024.5重印)
ISBN 978-7-5029-7194-6

Ⅰ.①地… Ⅱ.①中… Ⅲ.①地面观测-气象观测-
应用软件-手册 Ⅳ.①P412.1-39

中国版本图书馆CIP数据核字(2020)第054196号

Dimian Zonghe Guance Yewu Ruanjian Yonghu Caozuo Shouce

地面综合观测业务软件用户操作手册

中国气象局气象探测中心　编著

出版发行：气象出版社

地　　址：北京市海淀区中关村南大街46号　　　　邮政编码：100081

电　　话：010-68407112(总编室)　　　010-68408042(发行部)

网　　址：http://www.qxcbs.com　　　　E-mail：qxcbs@cma.gov.cn

责任编辑：王凌霄　张锐锐　　　　　　　终　　审：吴晓鹏

责任校对：王丽梅　　　　　　　　　　　责任技编：赵相宁

封面设计：易普锐创意

印　　刷：三河市君旺印务有限公司

开　　本：787 mm×1092 mm　1/16　　　印　　张：18.5

字　　数：500千字

版　　次：2020年4月第1版　　　　　　　印　　次：2024年5月第2次印刷

定　　价：98.00元

编写委员会

主　　任：李昌兴

编　　委：邵　楠　　雷　勇　　张雪芬　　佘万明　　张建磊

　　　　　刘达新　　施丽娟　　边泽强　　杜建萍　　刘银峰

编　写　组

主　　编：张　鑫

副主编：宋树礼

编　　者：第1章　张　鑫　　黎锦雷　　雷　勇

　　　　　第2章　宋树礼　　李金莲　　施丽娟

　　　　　第3章　张志龙　　梁星星　　刘达新

　　　　　第4章　宋树礼　　黄子芹　　张建磊

　　　　　第5章　宋树礼　　莫春燕　　边泽强

　　　　　第6章　张　鑫　　宋中玲　　杜建萍

　　　　　第7章　张　鑫　　张志龙　　刘银峰

　　　　　第8章　张志龙　　李吉洲　　汪　洲

编辑、校对：姬　翔　　汪　洲　　段森瑞

序

  到 2020 年全面实现综合观测业务自动化、信息化、现代化，综合观测业务整体实力达到同期国际先进水平，为实现气象现代化和建设智慧气象奠定坚实基础，是中国气象局对综合观测业务提出的总体要求。近年来，中国气象局气象探测中心围绕地面综合气象观测自动化、信息化、现代化的发展要求，梳理、整合、再造地面综合气象观测业务，逐步实现了以新型自动观测设备为基础，以自动观测业务技术规范和业务流程为依据，以地面综合观测业务软件(ISOS)为依托的地面综合气象自动观测系统。中国气象局气象探测中心一直致力于地面综合气象自动观测系统功能的不断完善和优化，除了满足地面综合气象观测业务自身发展的需求，同时也结合信息化工作对数据格式标准化的推进要求，对地面综合观测业务软件(ISOS)的功能进行了完善。

  中国气象局气象探测中心面向综合气象观测业务新需求以及气象数据格式标准化需求，经过广泛调研和业务试点，将数据采集、业务处理和数据传输等功能集于一体，并实现了地面、辐射、酸雨标准格式数据的分钟数据流传输单轨业务运行。

  由气象出版社编辑出版，中国气象局气象探测中心组织编写的《地面综合观测业务软件用户操作手册》(关联版本:ISOS Ver3.0.1.1206)，图文并茂地介绍了软件结构、安装设置、观测编报、数据处理等各功能模块，为基层台站一线业务人员学习和掌握该软件提供了参考。

衷心希望《地面综合观测业务软件用户操作手册》(关联版本：ISOS Ver3.0.1.1206)能为提高广大地面综合气象观测业务人员的能力和水平发挥积极作用。

2019 年 12 月

前　言

地面综合气象观测业务逐渐实现了自动化,最终将向无人化方向发展,观测数据也从基础数据采集向信息资源综合利用转变,这些转变需要不断优化地面综合气象观测业务流程,完善台站地面综合观测业务软件。

为适应地面综合气象观测自动化和业务改革调整对地面综合气象观测业务的新需求,中国气象局气象探测中心充分考虑地面综合气象观测自动化发展需要和地面综合气象观测业务调整要求,组织开发了"地面综合观测业务软件Ver3.0.1.1206)"(简称 ISOS Ver3.0.1.1206)。该软件适用于我国国家级各类地面气象观测站新型自动站业务,能够与省级数据中心的数据信息化处理无缝衔接。软件还充分考虑了与国际接轨,增加使用世界气象组织推荐的表格驱动码BUFR(Binary Universal Form of the Representation of meteorological data)格式输出的数据文件,建立了标准化气象数据格式,能够满足地面自动气象站网建设需要。

ISOS Ver3.0.1.1206 主要包括实时观测、自定观测项目、查询与处理、设备管理、参数设置和计量信息等六大功能,可实现气象台站各项地面综合观测业务处理、BUFR 格式数据文件形成、数据传输等工作。该软件结构清晰,功能合理,界面友好,操作方便,并且采用先进的设计技术,大量使用动态链接库编程,便于将来地面综合气象观测业务扩展和软件功能升级。

《地面综合观测业务软件用户操作手册》(关联版本:ISOS Ver3.0.1.1206,简称《用户操作手册》)详细介绍了 ISOS 软件的系统流程、软件结构、数据文件组成和软件功能等,可作为软件操作、业务处理的技术依据。未来软件将不断升级,与本手册不一致之处,以软件升级说明为准。

　　在此,编写组向为本书提出修改意见的专家和同行表示衷心的感谢!由于编写人员技术能力有限,难免有不足之处,敬请广大读者提出宝贵意见和建议。

编者

2019 年 12 月

目　录

第 1 章

概述

"地面综合观测业务软件(Ver3.0.1.1206)"(以下简称 ISOS)能够实现自动气象观测数据采集、业务处理、数据传输。数据采集模块具备新型自动站常规观测要素,以及云、能见度、天气现象、日照、辐射等气象要素数据采集(兼容不同通信方式接入),视程障碍类天气现象综合判别,采集数据自动质量控制等功能。观测数据业务处理模块面向部分自动观测数据,实现人工和自动观测交叉型业务流程、优化数据处理、质量控制方法和流程,从而提高人工观测数据的自动化处理能力。数据传输模块通过触发方式实现自动观测数据文件的上传,传输方式包括流传输和 FTP 传输。

软件依靠灵活的底层配置,可以动态挂接各种观测设备、灵活设置自动工作流程、监控管理观测设备运行状态。软件具有完备的数据查询和导出功能,方便业务人员对比分析观测数据、制作观测数据产品。软件将质量控制后的观测数据存为符合业务规定的采集数据文件,同时分发给观测数据业务处理模块,完成观测数据的业务处理。

1.1　软件功能

软件主界面由主菜单栏、台站观测项目挂接树状图和功能操作界面三部分组成。主菜单栏包括"实时观测""自定观测项目""查询与处理""设备管理""参数设置""计量信息"和"帮助"7 个菜单项。台站观测项目挂接树状图展开后可见挂接设备的工作状态。功能操作界面包括"首页""质控警告""报警信息""要素显示""实时观测"和"测报通信与监控"6 个标签页。

ISOS 软件主菜单栏界面,如图 1.1 所示。

图 1.1　ISOS 软件主菜单栏界面

ISOS 软件主要功能见表 1.1。

表 1.1　ISOS 软件主要功能

功能	组成	主要内容
功能操作界面	首页	常规要素实时显示、数据以及系统运行状态实时监控
	质控警报	自动观测数据的实时质量控制报警信息
	报警信息	数据质控、运行环境以及系统状态实时监控信息
	要素显示	根据测站实际观测项目及配置情况对所选要素进行实时显示
	实时观测	包括云、能见度、降水天气现象、视程障碍天气现象和辐射要素等实时数据;20 时至当前时刻天气现象,气压、气温、相对湿度、风、地温、草温要素的极值,降水量、蒸发量的累计值
	测报通信与监控	FTP 报文发送、消息包发送、BUFR 报文发送情况

续表

功能	组成		主要内容
实时观测	新型自动站		显示新型自动站的分钟、小时实时观测数据（设备/质控/订正）
	视程障碍判别		显示视程障碍现象综合判别算法的计算数据及分钟实时观测数据
	云		显示云设备的分钟实时观测数据（设备/质控/订正）
	能见度		显示能见度的分钟实时观测数据（设备/质控/订正）
	天气现象		显示雨滴谱原始矩阵数据，天气现象分钟实时观测数据（设备/质控/订正）
	辐射		显示辐射的分钟实时观测数据（设备/质控/订正）
	日照		显示日照的分钟实时观测数据（设备/质控/订正）
	基准辐射		显示基准辐射的分钟（小时）实时观测数据、分钟（小时）基准辐射数据表。其中分钟实时数据包括设备、质控以及订正数据，小时实时数据仅有订正数据
自定观测项目	自定观测项目		正点观测记录质控，并形成正点上传数据文件
	日照数据编报		日照时数维护并形成日照数据上传文件
	辐射	辐射R文件	对R文件的数据进行有关统计，编制辐射月报表
	酸雨	酸雨日记录簿	记录酸雨日数据并形成酸雨日数据文件，实现日记录簿打印
		日记录转S文件	对全月酸雨日数据文件转换成S文件上传
		酸雨环境报告书	编制台站酸雨环境报告书
查询与处理	数据查询	分钟要素查询	查询指定日期的分钟观测数据（设备/质控/订正）
		小时要素查询	查询指定月份的小时常规要素数据（设备/质控/订正），基准辐射订正小时数据，正点基准辐射数据
		数据导出	在指定时段内，选择要素观测值、状态信息导出为.CSV格式的文件
		综合查询	在指定时段内，跨数据表选择要素观测值、状态信息导出为.CSV格式的文件，可实现数据筛选查询、绘制数据曲线图
		雨滴谱数据查询	查看雨滴谱谱图
		日统计查询	查看指定日期常规气象要素累计值、平均值、极值以及天气现象信息
	状态查询	常规要素状态查询	查看系统所挂接项目的设备状态
		云状态查询	查看云设备外接电源、蓄电池电压等工作状态信息

续表

功能	组成		主要内容
查询与处理	状态查询	能见度状态查询	查看能见度设备外接电源、蓄电池电压等工作状态信息
		天气现象状态查询	查看天气现象设备外接电源、蓄电池电压等工作状态信息
		辐射状态查询	查看辐射观测设备外接电源、蓄电池电压等工作状态信息
		日照状态查询	查看日照自动观测设备外接电源、蓄电池电压等工作状态信息
		基准辐射状态查询	查看基准辐射设备外接电源、蓄电池电压等工作状态信息
			查看基准辐射采集器通信状态、机箱温度和各辐射表工作状态信息
		地面综合观测主机	查看地面综合观测主机内存、CPU 使用率等信息
	日志查询		查看各类日志信息
	数据下载		从采集器下载指定时段内的数据到业务机中
	数据备份		将数据及配置文件备份到指定的路径下
设备管理	设备标定		进行设备标定时,在软件端的操作界面
	设备维护		进行设备维护时,在软件端的操作界面
	设备停用		进行设备停用时,在软件端的操作界面
	维护终端		通过串口直接交互的方式进行设备的调试
	辐射因雨加盖		出现降水时,在软件中对辐射观测设备进行加盖操作
	辐射因沙加盖		出现沙尘暴时,在软件中对辐射观测设备进行加盖操作
参数设置	自动项目挂接设置		动态配置系统挂接的自动观测设备
	系统设置		对软件首页的要素显示来源参数进行配置
	报警设置		对系统环境、工作流程、质控、气象灾害参数、报文发送等报警进行设置
	实时通信查看		实时显示系统与设备的串口通讯信息
	台站参数		台站参数的录入及修改
	自定项目参数		上传数据文件选项项设置,FTP 和消息包发送参数设置,辐射设备参数,辐射审核规则库,酸雨参数,酸雨仪器参数,基准辐射仪器参数,北斗传输路径设置
	降水现象综合判识参数		用于自动观测降水现象质控
	计量信息参数		用于相关计量信息参数设置
	分钟极值参数		台站分钟历史气候极值的录入和修改
	小时极值参数		台站小时历史气候极值的录入和修改
帮助	关于		版权、软件版本信息等

1.2 软件结构

ISOS 软件根据功能需求进行总体设计,将参数文件、程序文件、数据文件和数据库文件等存放在不同文件夹,ISOS 软件结构见表 1.2。

表 1.2 ISOS 软件结构

文件夹名称	内容			备注
···\backup	config. xml. YYYYMM-DDHHMMSS			系统界面显示配置文件存档
文件夹 ···\bin	系统运行的执行程序以及基础动态库存放目录			
	Awsnet	YYYYMM		地面气象要素数据文件、重要天气报、MDOS 分钟文件等存放目录
		AR		酸雨数据上传文件存放目录
		Fail		发送失败报文存放目录
		Temp		报文发送临时目录
		Reports		报表数据文件存放目录
		weather		降水现象平行观测软件生成的月整编文件和降水现象分钟数据 Zip 格式上传文件存放目录
	Send	Data		地面(辐射、酸雨)BUFR 格式文件,运行状态和设备信息、台站元数据 XML 文件存放目录
		sendbak		上传成功的 BUFR 文件、状态文件备份目录
		Unknown		接口无法识别的文件存放目录
		YDP		雨滴谱 BUFR 格式数据文件存放目录
	cache			消息中间件临时目录
	Config			报文发送配置文件、辐射审核规则库、辐射仪器参数、酸雨仪器参数存放目录
	log			日志存放目录
	Message	Fail		发送失败源数据文件存放目录
		Temp		源数据文件发送临时目录
	PDFReader			PDF 浏览器存放目录
	地面综合观测业务软件.exe			ISOS 软件执行文件
	AWSSSendClientMon.exe			消息中间件流数据上传客户端
	*.dll			软件运行所需基础动态库存放目录
···\dataset\省份\Iiiii\	AWS	baseradiation	设备	基准辐射要素原始采集数据和状态数据
			质控	经质控后基准辐射要素采集数据
			订正	经订正后的基准辐射要素数据
			上传	实时上传的基准辐射数据和状态数据
		cloud	设备	云要素原始采集数据、状态数据
			质控	经质控后的云要素数据
			订正	经订正后的云要素数据

文件夹名称	内容			备注
…\dataset\省份\Iiiii\	AWS	radiation	设备	辐射要素原始采集数据、状态数据
			质控	经质控后的辐射数据
			订正	经订正后的辐射数据
		sunlight	设备	日照要素原始采集数据、状态数据
			质控	经质控后的日照数据
			订正	经订正后的日照数据
		Visibility	设备	能见度要素原始采集数据、状态数据
			质控	经质控后的能见度数据
			订正	经订正后的能见度数据
		weather	设备	天气现象要素原始采集数据、状态数据
			质控	经质控后的天气现象数据
			订正	经订正后的天气现象数据
		天气现象综合判断		视程障碍现象综合判断数据
		新型自动站	设备	新型自动站常规气象要素原始采集数据、状态数据
			质控	经质控后的常规气象要素数据
			订正	经订正后的常规气象要数据
		AWS. dev		设备、任务流程定义脚本
		AWS. lib		数据表定义配置文件
		AWS. script		校时、采集入库、补调脚本
	AWS_PC	主机/状态		主机状态数据
		AWS_PC. dev		主机状态数据采集任务流程配置文件
		AWS_PC. lib		主机状态数据数据表定义
		AWS_PC. script		主机状态数据采集入库脚本
	AWS_RAW_设备名			系统与各类挂接设备的实时交互记录
	DataBase			AWZ. db 和 AWZYYYYMM. db 数据库文件存放目录
	补调计划			存放软件自动或者人工手动生成的观测数据、状态数据的补调计划
	观测员排班			观测员排班计划脚本
	历史计划			历史数据下载计划脚本;软件执行的日志备份
	smo. loc			保存台站参数、自定项目参数、酸雨参数、质控参数以及分钟、小时历史气候极值等
…\dataset\	smo. type			数据类型定义配置文件
…\log				保存系统运行的日志
…\metadata				存放系统运行参数,包括显示参数、设备挂接参数、报警参数、界面配置参数等

	文件夹名称	内容	备注
	…\netlog		流数据传输日志
	…\outlog		流数据发送日志
	…\Skins		系统界面主题存放路径
	…\Iliii.prj		程序运行时的工程文件,若缺少该文件,软件启动时会提示"没有定义台站,系统无法运行"
程序集	…\plugin	AWS3GCom.dll	云、能、天以及辐射等设备的串口通讯
		AWS3GHZ_Deposit.dll	云、能、天以及辐射等设备的小时数据采集
		AWS3GMZ_Deposit.dll	云、能、天以及辐射等设备的分钟数据采集
		AWSYNTCOM.dll	云、能、天以及辐射等设备的串口解析
		AWS3GYDP_Deposit.dll	雨滴谱谱图数据采集
		AWSBR_File.dll	基准辐射文件合成
		AWSHBR_Copy.dll	基准辐射小时要素数据采集
		AWSCMD.dll	命令通道
		AWSHZ_Compose.dll	新型站小时数据复制到质控表
		AWSMZ_Compose.dll	新型站分钟数据复制到质控表
		AWSCom.dll	新型站数据的串口通信
		AWSHZ_Copy.dll	新型站小时数据复制
		AWSMZ_Copy.dll	新型站分钟数据复制
		AWSHZ_Deposit.dll	新型站小时数据采集
		AWSMZ_Deposit.dll	新型站分钟数据采集
		AWSHZ_QC.dll	新型自动站小时数据质控
		AWSMZ_QC.dll	新型自动站分钟数据质控
		AWSMZ_TQXX.dll	视程障碍综合判断算法
		AWSMZST_Deposit.dll	设备状态存储
		AWSNACheck.dll	数据格式以及缺测检查
		AWSPCState.dll	业务计算机环境检查
		QCProcessor.dll	质量控制算法库
		ManualAcquire.dll	
		OTTCOM.dll	
		OTTMZ_Deposit.dll	
		SMOCron.dll	公共数据处理基础库
		SMOGetPic.dll	
		SMOHttpClient.dll	

1.3 软件流程

软件流程以业务功能为依托、以数据采集流程为导向、以数据安全实施为准则,本着完整性、可靠性、可充实性、可扩展性的设计原则,满足各种功能需求,适用各类地面气象观测台站。

1.3.1 数据采集业务流程

数据采集业务流程如图 1.2 所示。

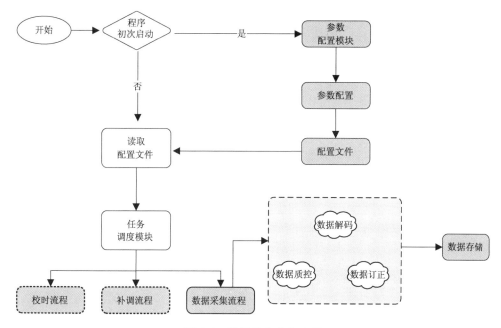

图 1.2　数据采集业务流程

数据采集主要流程如下。

1）判断程序是否为初次运行，如果"否"，则读取配置文件；如果"是"，则进入参数配置模块，并形成参数配置文件。

2）任务调度模块根据配置文件分配任务。

3）校时流程根据设置进行自动校时；补调流程检查数据文件是否有缺测，进行自动补调；数据采集流程根据任务调试进行分钟或正点数据采集。

4）数据采集完成后，进行数据解码、质控、订正，分别形成相应的数据文件。

5）将采集的数据按不同类型分别放置，同时为数据业务处理模块提供数据源。

1.3.2　数据处理及传输流程

数据处理及传输业务流程如图 1.3 所示。

数据业务处理主要流程如下。

1）判断程序是否为初次运行，如果"否"，则启动任务调度模块；如果"是"则启动参数配置模块，并形成参数配置文件。

2）任务调度模块根据配置文件分配任务。

3）数据采集模块定时对自动观测采集数据进行读取，一方面用于界面显示，另一方面用于各报文报表业务功能。

4）在正点和非正点时，形成正点及加密 Z 文件并实时上传；在自定观测时次，输入人工观测记录，形成 Z 文件上传。

5）根据台站任务，完成相关操作，如日照数据文件。

6）进行数据维护、制作报表，形成 R 文件、S 文件。

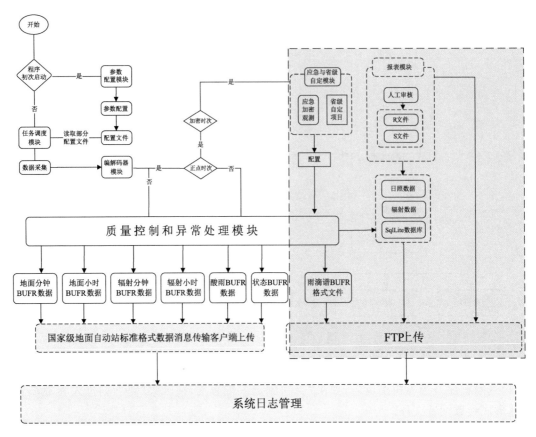

图 1.3 数据处理及传输业务流程

1.4 软件运行环境

软件运行设备配置见表1.3。

表 1.3 软件运行设备配置建议表

设备	配置建议
处理器	主频 2.4 GHz 及以上
内 存	16 GB 及以上
硬 盘	160 GB 及以上
操作系统	操作系统 Windows7 专业版、旗舰版及以上(64 位)
其他说明	·建议选用商务计算机,品牌不限 ·硬盘分区不少于两个 ·操作系统禁用 GHOST 版 ·建议安装最新的系统补丁 ·显卡驱动必须为随机光盘或官网下载 ·建议不安装杀毒软件或将软件定义为杀毒软件信任模式 ·安装 . Net Framework 4.0

1.5 软件安装前准备

安装 Microsoft .NET Framework4.0,它是用于 Windows 的新托管代码编程模型。若 .NET Framework4.0 安装不成功,提示"一般信任关系失败",一般为系统中的 DLL 注册存 在问题,在键盘上按住"Win(Windows 徽标键)+R"键,弹出"运行"页面,输入"cmd"然后回 车。输入下面命令:

regsvr32 /s Softpub.dll

regsvr32 /s Wintrust.dll

regsvr32 /s Initpki.dll

regsvr32 /s Mssip32.dll

再重新安装 .NET Framework 4.0。

由于 Windows 7 安全性权限控制的原因,在 Windows 7 操作系统上安装程序之前,请按 照以下步骤设置,以 Windows 7 专业版为例:

1)打开控制面板,点击"用户账户",如图 1.4 所示。

图 1.4 "控制面板"页面

2)在打开页面中点击"更改用户账户控制设置",如图 1.5 所示。

3)在"用户账户控制设置"页面,将"选择何时通知您有关计算机更改的消息"选择为"从不 通知",如图 1.6 所示。

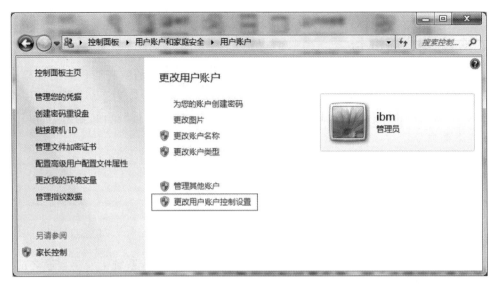

图 1.5 "用户账户"页面

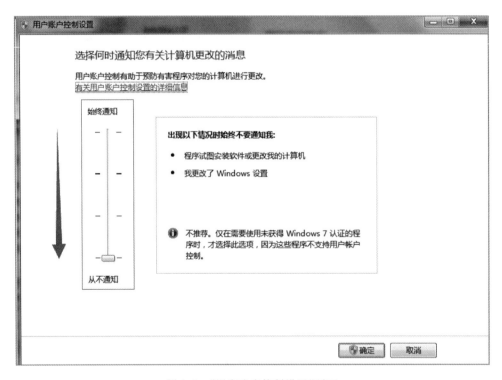

图 1.6 "用户账户控制设置"页面

另外,由于"分辨率"和"字体"设置对软件显示有影响,需合理设置相关项。"分辨率"可根据显示器型号合理设置,建议设置为 1440×900 以上。"字体"在不同的操作系统中设置方法不同。Windows 7 字体设置方法:在电脑桌面上右键单击,在弹出的菜单中选择"屏幕分辨率(C)",然后在"放大或缩小文本和其他项目"中进行设置,选定默认的"较小(S)—100%",如图1.7 所示。

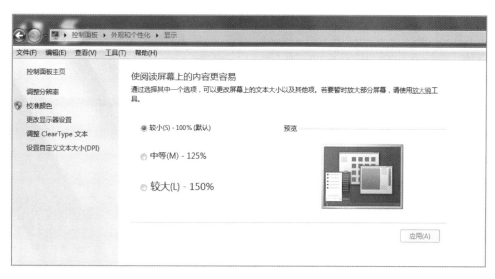

图 1.7 "显示"页面

1.6 软件安装

双击"地面综合观测业务软件(Ver3.0.1.1206).exe",弹出"安装向导"对话框,如图 1.8 所示。

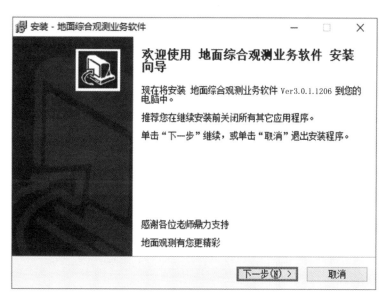

图 1.8 "安装向导"对话框

弹出"选择目标位置"对话框,地面综合观测业务软件(Ver3.0.1.1206)建议安装目录"D: \ISOS",然后点击下一步,如图 1.9 所示。

弹出"台站信息:请选择省份"对话框,选择省份,确保省份选择正确,软件安装完成后该项无法修改,如图 1.10 所示。

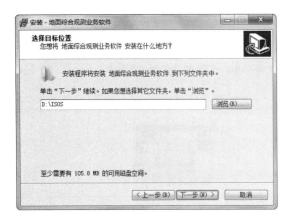 

图 1.9 "选择目标位置"对话框　　　　　图 1.10 "台站信息:请选择省份"对话框

弹出"台站信息:区站号"对话框,输入本站区站号,必须为 5 位,数字和字母均可输入,确保区站号输入正确,否则软件安装完成后该项无法修改。以 54511 站为例,点击下一步,如图 1.11 所示。

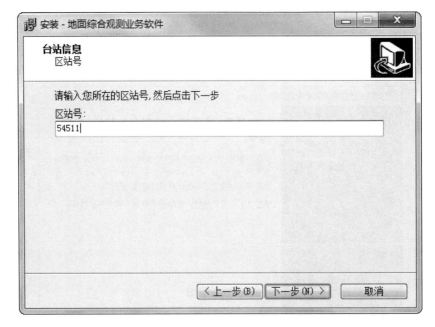

图 1.11 "台站信息:区站号"对话框

点击"下一步",弹出"选择开始菜单文件夹"对话框,默认文件夹名称为"地面综合观测业务软件",如图 1.12 所示。

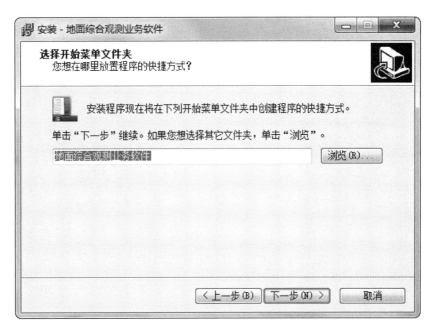

图 1.12 "选择开始菜单文件夹"对话框

点击"下一步",弹出"准备安装"对话框,再点击"安装",开始安装软件,如图 1.13 所示。

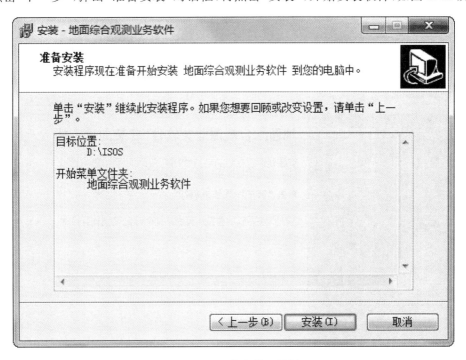

图 1.13 "准备安装"对话框

安装过程中显示安装进度条,点击取消则终止安装,如图 1.14 所示。

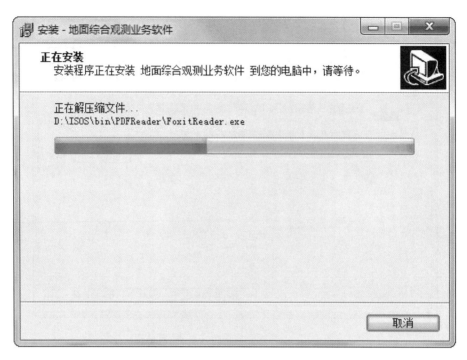

图 1.14　"正在安装"对话框

　　安装完成后,系统默认勾选"安装完成后直接运行地面综合观测业务软件",点击完成,提示"首次运行应设置台站参数",正确设置台站参数后安装完成运行软件。去掉复选框的勾选,则完成安装,不运行软件,如图 1.15 所示。

图 1.15　"安装完成"对话框

1. 7　软件卸载

点击 WINDOWS"开始"→"所有程序"→"地面综合观测业务软件"→"卸载地面综合观测业务软件",如图 1.16 所示。

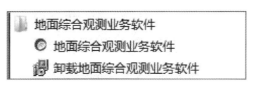

图 1.16　软件卸载路径

在弹出"软件卸载"对话框,点击"是",则进行软件卸载;点击"否"则停止软件卸载,如图 1.17 所示。

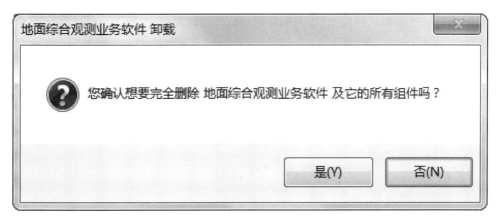

图 1.17　"软件卸载"对话框

也可通过双击运行软件安装目录下"…\ISOS"文件夹中的"unins000.exe"文件,点击"是",可成功卸载本软件,如图 1.18 所示。

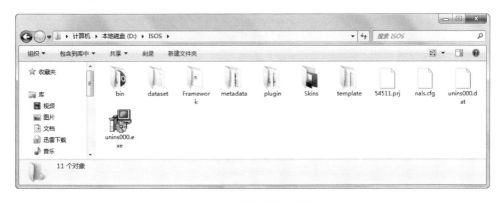

图 1.18　软件安装文件夹

或者通过 WINDOWS 控制面板里的程序卸载功能卸载软件,如图 1.19 所示。

图 1.19　"程序和功能"页面

1.8　项目挂接树状图

项目挂接树状图位于软件主界面的左部,通过点击主菜单栏中间的双箭头"≫"或"≪"按钮,可以实现项目挂接树状图显示、隐藏的切换,如图 1.20 所示。

图 1.20　项目挂接树状图

树状图功能如下。

1）鼠标右键点击已挂接的新型自动站、云、天气现象和辐射等项目，弹出级联菜单，如图1.21所示。

鼠标左键点击"使用模拟数据"，则 ISOS 软件切换到使用模拟数据功能，如图1.22所示。

图 1.21　"使用模拟数据"图　　　　　图 1.22　模拟数据功能

鼠标左键点击"标定""维护""加盖（雨）""加盖（沙尘暴）""停用""通信参数""采集器监控操作命令""采集器报警操作命令"等 8 个功能选项，可以打开相应功能设置对话框，进行相关内容设置，如图1.23所示。

图 1.23　"设备标定"对话框一

鼠标指到"采集器监控操作命令"，弹出级联菜单，包括"主采通信参数""IP 地址""采集器信息""自检""日期""时间""区站 ID""观测站纬度""观测站经度""地方时差""观测场拔海高度""气压传感器拔海高度""GPS 模块配置""CF 卡模块配置""全部传感器开启状态""全部传感器工作状态""自动气象站所有状态信息"等 17 个功能选项，如图1.24所示。

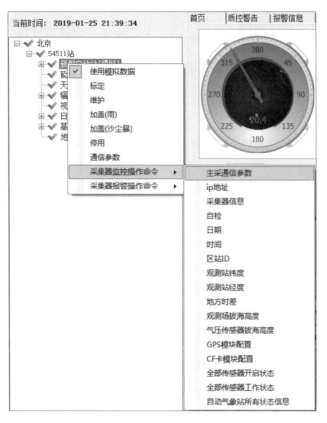

图 1.24 "采集器监控操作命令"菜单

鼠标指到"采集器报警操作命令",弹出级联菜单,包括"大风报警阈值""高温报警阈值""低温报警阈值""降水量报警阈值"和"采集器蓄电池电压报警阈值"等 5 个功能子项,如图 1.25 所示。

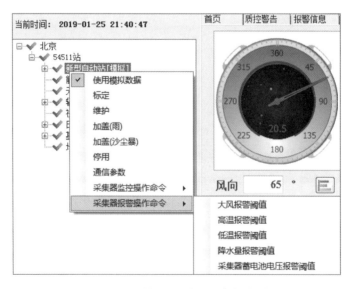

图 1.25 "采集器报警操作命令"菜单

在级联菜单鼠标左键点击"自动气象站所有状态信息",弹出"自动气象站所有状态信息"对话框,可查看自动气象站所有状态信息,如图 1.26 所示。

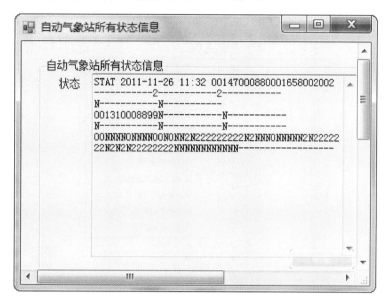

图 1.26 "自动气象站所有状态信息"页面

鼠标左键点击级联菜单各功能子项,弹出对应参数设置页面,点击"下载到采集器",可根据电脑主机设置修改自动站采集器设置,点击"备份到主机"可根据自动站采集器设置修改电脑主机设置,如图 1.27 所示。

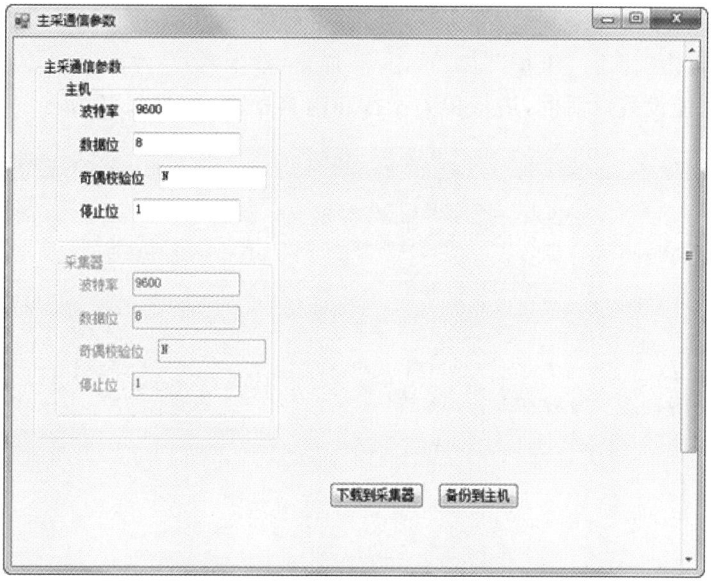

图 1.27 "主采通信参数"页面

2)鼠标右键点击已挂接的传感器,弹出传感器功能设置级联菜单,如图 1.28 所示。

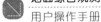

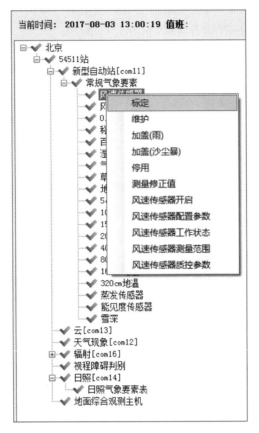

图 1.28　传感器功能设置级联菜单

　　鼠标左键可点击"标定""维护""加盖（雨）""加盖（沙尘暴）""停用"和"传感器开启"等功能选项，打开相应功能设置对话框，进行相关操作和内容设置，如图 1.29 所示。

图 1.29　"设备标定"对话框二

　　"测量修正值""传感器配置参数""传感器测量范围"和"传感器质控参数"由硬件生产厂家在设备出厂时设置,台站不得随意修改,如图 1.30 所示。

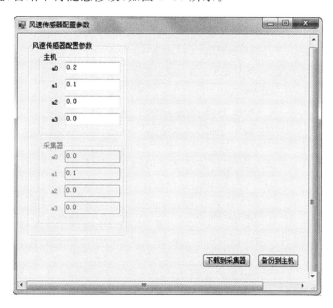

图 1.30　"风速传感器配置参数"页面

　　3)项目挂接树状图中的各项功能,均可通过软件主菜单栏下的"设备管理"菜单,进入"维护终端"模块,输入相应命令实现。命令格式和操作方法可参考《新型自动气象(气候)站功能规格需求书》的附录 2:"新型自动气象(气候)站终端命令格式",或相关设备技术手册。

　　通信参数设置:ISOS 软件安装完成后的初次运行,为了实现数据采集功能,需设置各观测项目的通信参数。在台站项目挂接树状图中,鼠标右键点击需要设置通信参数的挂接项目,在弹出的菜单中选中"通信参数",如图 1.31 所示。

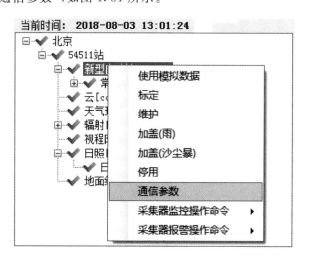

图 1.31　"通信参数"项菜单

　　在弹出的窗口中,根据本站项目挂接通信端口实际情况,设置通信参数,如图 1.32 所示。

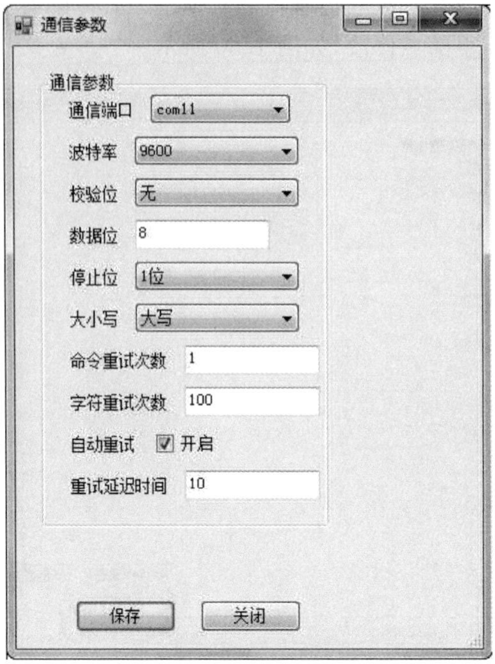

图 1.32 "通信参数"窗口

采集器校时:根据中国气象局预报与网络司《关于全国气象业务系统一校时的通知》(气预函〔2012〕97 号)要求,自 2012 年 8 月 1 日起,全国各级气象业务系统通过气象业务专网实现与时钟源的网络统一校时,并实现定期校准。业务计算机需安装时钟同步软件进行精确校时。

ISOS 软件默认每小时自动根据计算机系统时间对自动站采集器校时 1 次,或通过主菜单栏下的"设备管理"菜单,进入"维护终端"模块,输入相应命令实现手动校时;也可用鼠标右键点击台站项目挂接树状图中"新型自动站"→"采集器监控操作命令"→"时间",在弹出"时间"窗口,点击"下载到采集器",则根据计算机主机系统时间修改自动站采集器时间,如图 1.33 所示。

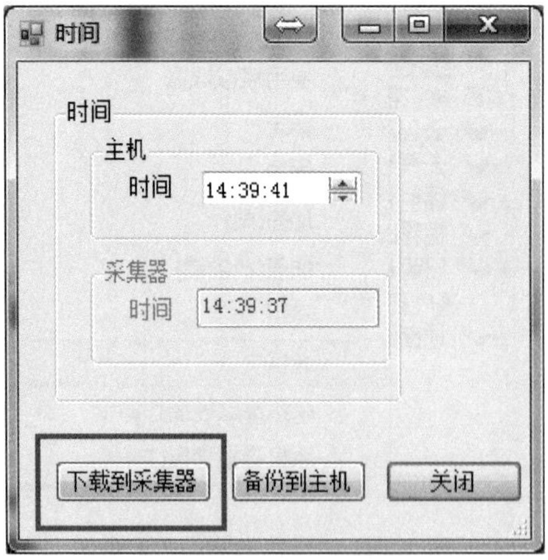

图 1.33 "时间"窗口

　　注:点击"备份到主机",不能根据自动站采集器时间修改计算机主机系统时间。因为根据最新规定,所有业务用计算机均采用气象网络授时,根据采集器时间修改计算机系统时间后,下一次气象网络授时会把计算机系统时间改正,软件下1小时自动根据计算机系统时间校对采集器时间,所以软件屏蔽了此功能。

　　采集器校对日期:采集器校对日期操作方法和校对时间相同。

第 2 章

参数设置

主菜单栏"参数设置"项菜单,包括"自动项目挂接设置""系统设置""报警设置""实时通信查看""台站参数""自定项目参数""降水现象综合判识参数""计量信息参数""分钟极值参数"和"小时极值参数"10项内容,如图2.1所示。

图2.1 "参数设置"项菜单

2.1 自动项目挂接设置

2.1.1 项目挂接

ISOS软件首次运行时,默认没有挂接任何项目,用户根据本站的实际情况选择相应项目进行挂接,没有的项目不挂接。

点击主菜单栏"参数设置"→"自动项目挂接设置",弹出"自动项目挂接设置"页面,根据本站实际情况选择项目挂接,如图2.2所示。

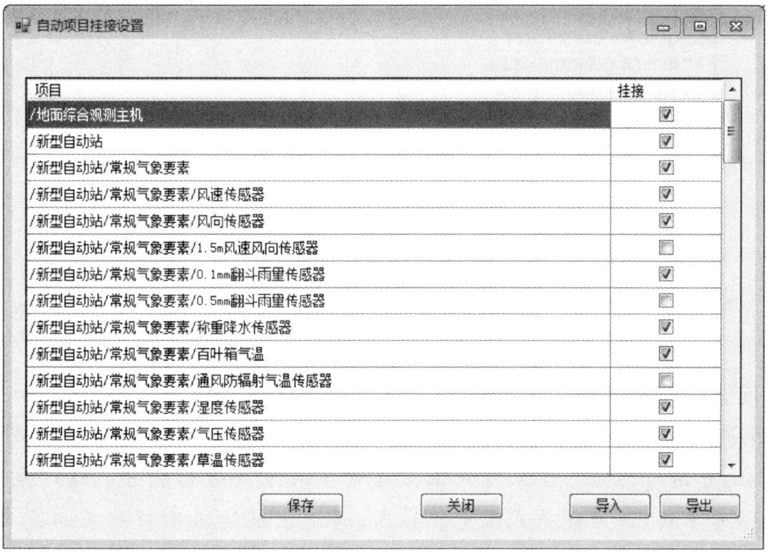

项目	挂接
/地面综合观测主机	☑
/新型自动站	☑
/新型自动站/常规气象要素	☑
/新型自动站/常规气象要素/风速传感器	☑
/新型自动站/常规气象要素/风向传感器	☑
/新型自动站/常规气象要素/1.5m风速风向传感器	☐
/新型自动站/常规气象要素/0.1mm翻斗雨量传感器	☑
/新型自动站/常规气象要素/0.5mm翻斗雨量传感器	☐
/新型自动站/常规气象要素/称重降水传感器	☑
/新型自动站/常规气象要素/百叶箱气温	☑
/新型自动站/常规气象要素/通风防辐射气温传感器	☐
/新型自动站/常规气象要素/湿度传感器	☑
/新型自动站/常规气象要素/气压传感器	☑
/新型自动站/常规气象要素/草温传感器	☑

保存　关闭　导入　导出

图2.2 "自动项目挂接设置"页面

1)"自动项目挂接设置"包括：地面综合观测主机、新型自动站、云、能见度、天气现象（仅降水类）、辐射、视程障碍判别、日照和基准辐射 9 大类挂接选项，每大类下一级为挂接的传感器选项，台站根据设备实际安装情况选择挂接项目。

2)勾选挂接栏对应项目的复选框，确认或取消挂接项目；也可通过选中挂接栏对应单元格，用空格键确认或取消挂接项目。

3)地面综合观测主机必须挂接。

4)如果挂接了能见度自动观测设备，视程障碍综合判别项目必须挂接；反之亦然。

5)挂接天气现象自动观测设备时，只需挂接降水类天气现象传感器。

2.1.2 挂接传感器

在新型自动站、云、天气现象、辐射、日照、基准辐射 6 个项目下挂接有不同的传感器，以新型自动站为例，说明设备传感器的挂接设置，如图 2.3 所示。

项目	挂接
/地面综合观测主机	☑
/新型自动站	☑
/新型自动站/常规气象要素	☑
/新型自动站/常规气象要素/风速传感器	☑
/新型自动站/常规气象要素/风向传感器	☑
/新型自动站/常规气象要素/1.5m风速风向传感器	☐
/新型自动站/常规气象要素/0.1mm翻斗雨量传感器	☑
/新型自动站/常规气象要素/0.5mm翻斗雨量传感器	☐
/新型自动站/常规气象要素/称重降水传感器	☐
/新型自动站/常规气象要素/百叶箱气温	☑
/新型自动站/常规气象要素/通风防辐射气温传感器	☐
/新型自动站/常规气象要素/湿度传感器	☑
/新型自动站/常规气象要素/气压传感器	☑
/新型自动站/常规气象要素/草温传感器	☐
/新型自动站/常规气象要素/红外地温传感器	☐
/新型自动站/常规气象要素/地表温度	☑
/新型自动站/常规气象要素/5cm地温	☑
/新型自动站/常规气象要素/10cm地温	☑
/新型自动站/常规气象要素/15cm地温	☑
/新型自动站/常规气象要素/20cm地温	☑
/新型自动站/常规气象要素/40cm地温	☑
/新型自动站/常规气象要素/80cm地温	☑
/新型自动站/常规气象要素/160cm地温	☑
/新型自动站/常规气象要素/320cm地温	☑
/新型自动站/常规气象要素/蒸发传感器	☐
/新型自动站/常规气象要素/能见度传感器	☑
/新型自动站/常规气象要素/雪深	☐

图 2.3　设备传感器挂接页面一

应根据台站实际情况进行传感器挂接，其中要特别注意降水量传感器、能见度传感器的挂接。

1)降水量传感器有称重、翻斗两种类型，配有两种传感器的台站需同时挂接，实现降水数据同步采集。非结冰期以翻斗式雨量传感器为主，称重式雨量传感器作为备份，如图 2.4 所示。

注：称重式雨量传感器接入主采方式根据信号接入方式进行区分。通过主采集箱防雷板接入的是脉冲信号方式，选为翻斗式雨量传感器；通过主采集器串口接入的是串口信号方式，选为称重式雨量传感器。根据最新业务要求，目前不允许以脉冲信号方式接入主采。

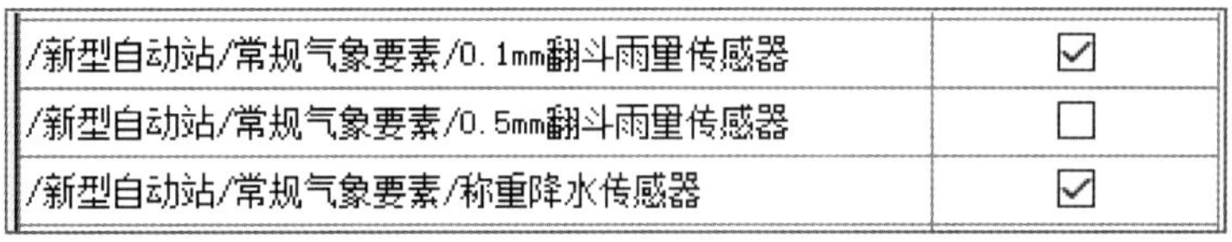

/新型自动站/常规气象要素/0.1mm翻斗雨量传感器	☑
/新型自动站/常规气象要素/0.5mm翻斗雨量传感器	☐
/新型自动站/常规气象要素/称重降水传感器	☑

图2.4　设备传感器挂接页面二

2)能见度传感器有两种接入方式：

如果能见度传感器接入新型自动站主采集器，则勾选"/新型自动站/常规气象要素/能见度传感器"，不勾选"/能见度"，如图2.5所示。

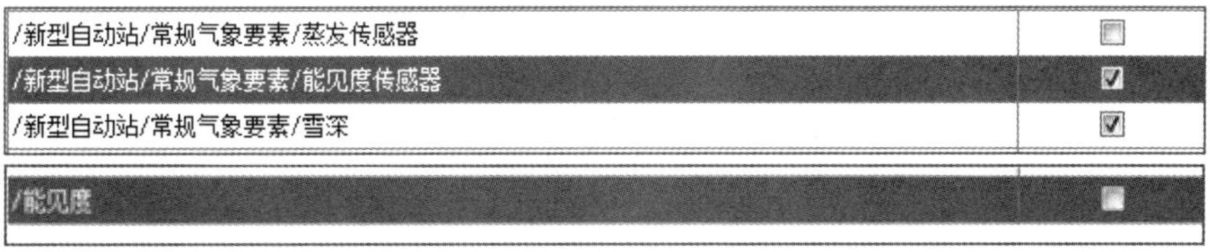

/新型自动站/常规气象要素/蒸发传感器	☐
/新型自动站/常规气象要素/能见度传感器	☑
/新型自动站/常规气象要素/雪深	☑
/能见度	☐

图2.5　设备传感器挂接页面三

如果能见度仪通过综合集成硬件控制器接入计算机，则勾选情况相反。

3)云、天气现象、辐射、日照、基准辐射等项目的传感器挂接和新型自动站相同，根据台站实际情况进行传感器的挂接。

完成观测项目挂接并保存后，进入ISOS软件主界面可以查看设备及传感器挂接情况，如图2.6所示。

图2.6　设备及传感器挂接情况

31

4)导出导入功能:通过"导出"按钮功能,将挂接的项目和传感器参数导出存为 xml 格式文件。通过"导入"按钮功能,可以将导出的 xml 格式挂接项目参数导入。

2.2 系统设置

点击主菜单栏"参数设置"→"系统设置",弹出"系统设置"页面,如图 2.7 所示。

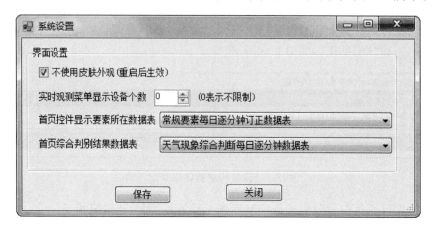

图 2.7 "系统设置"页面

"不使用皮肤外观":勾选则取消皮肤外观,重启软件后生效。

"实时观测菜单显示设备个数":可手工输入或用上下箭头增减显示个数,"0"表示不限制个数。

"首页控件显示要素所在数据表":设置首页图标显示的气象要素值数据来源。可供选择数据表包括:常规要素每日逐分钟数据(分为:设备数据表、质控数据表、订正数据表)和常规要素全月逐日每小时数据(分为:设备数据表、质控数据表、订正数据表)。推荐选择常规要素每日逐分钟订正数据表,此时"首页"降水量显示分钟降水量。

"首页综合判别结果数据表":只能选择天气现象综合判断每日逐分钟数据表。

注:ISOS 软件提供的采集数据包括:设备数据、质控数据和订正数据(天气现象综合判断数据除外)三种。三种格式的质量控制码段因质控级数不同有差异,数据部分因质量控制可能会使设备数据与其他两种数据存在差异(如超出气候学界限值的数据在设备数据中均保留,在质控和订正数据中均置为"—"),其他均一致。观测数据业务处理模块补调的采集数据为订正数据,ISOS 软件采集的各类数据不允许进行修改,异常数据通过观测数据业务处理模块完成。

2.3 报警设置

点击主菜单栏"参数设置"→"报警设置",弹出"报警设置"页面,包括"环境""流程""质控""灾害"和"状态"等 5 个标签页。

"环境"标签页,对主程序 CPU 限额、内存限额、硬盘和句柄数进行报警设置,如图 2.8 所示。

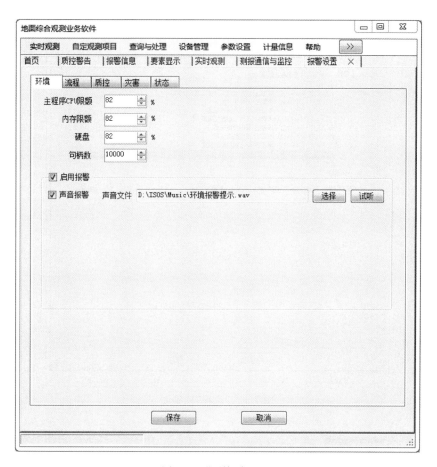

图 2.8 "环境"标签页

硬件报警建议设置见表 2.1。

表 2.1 硬件报警建议设置

主程序 CPU 限额	内存限额	硬盘	句柄数
80%	80%	70%~75%	10000(默认)

　　勾选"启用报警",ISOS 软件根据设置报警标准报警。

　　勾选"声音报警",启用声音报警方式,点击"选择",选择报警声音文件(报警功能只识别 WAV 格式的声音文件,下同)。

　　如未勾选"声音报警",则只能在 ISOS 软件"报警信息"模块查看报警内容。

　　"流程"标签页,软件默认部分"报警项"被勾选,台站可根据实际挂接观测项目选择报警项。"启用报警"设置方法与"环境"标签页相同,如图 2.9 所示。

　　"质控"标签页,质控报警设置是设置 ISOS 软件对小时和分钟采集数据文件报警的质控方法,包括:格式检查、缺测检查、界限值检查、台站极值参数检查、内部一致性检查、时间一致性检查共 6 种方法,建议选择所有质控方法。"启用报警"设置方法与"环境"标签页相同,如图 2.10 所示。

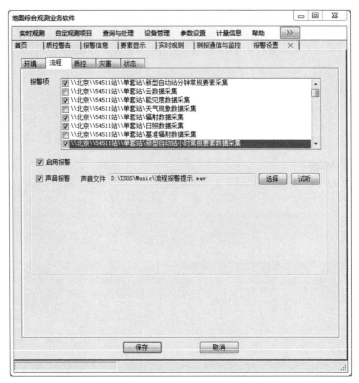

图 2.9 "流程"标签页

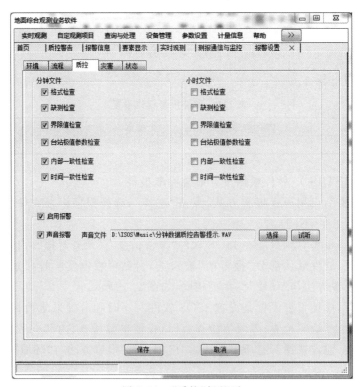

图 2.10 "质控"标签页

　　"灾害"标签页,灾害报警是设置一些重要的天气现象(如:大风)或气象要素(如:气温的高低温预警、降水量的暴雨预警等)的报警规则,如图2.11所示。

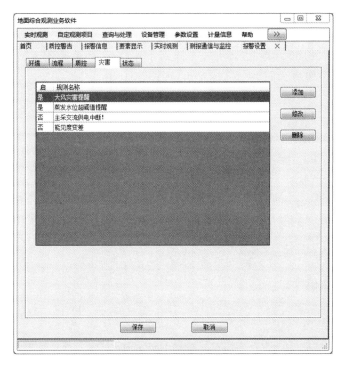

图2.11　"灾害"标签页

　　点击"添加",弹出"添加灾害报警"窗口,输入要设置的"规则名称"(如地温超极值提示)、"规则条件",选择是否启用报警并选择报警方式。点击"修改",可对已设置的报警信息进行修改。选中记录,点击"删除",可删除已添加的报警信息,"启用报警"设置方法与"环境"标签页相同,如图2.12所示。

图2.12　"添加报警"页面

注:"规则名称"可由字母、数字和汉字组成,长度不限。"规则条件"共有 4 条,每条应选择判别灾害的"数据表""要素""表达式""参数""判断"和"阈值",前 3 条还需要设置条件之间的关系。"规则名称""判断""阈值"和"条件关系"为必填项,不能为空,表达式一般选为"原值",表达式后的参数可不设置,阈值按原值输入,如相对湿度阈值为 90%,输入"90";蒸发溢流水位为 96.5 mm,输入"96.5"。其中,只有一个规则条件时,条件关系选为"无"。

"状态"标签页,设置方式同"灾害"标签页,如图 2.13 所示。

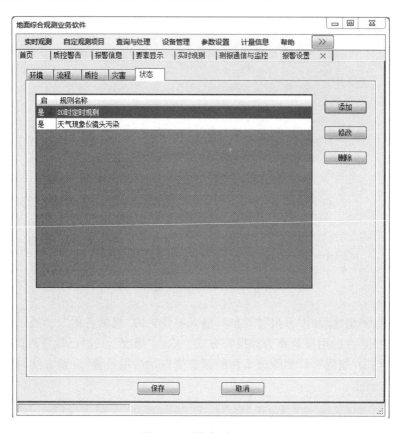

图 2.13 "状态"标签页

2.4 实时通信查看

点击主菜单栏"参数设置"→"实时通信查看",在台站项目挂接树状图下方实时显示 ISOS 软件与自动站采集器(或综合集成硬件控制器)之间的通信情况,为业务人员处理设备异常情况或者接入新设备时提供支持,如图 2.14 所示。

2.5 台站参数

ISOS 软件首次运行时,点击主菜单栏"参数设置"→"台站参数",弹出"台站参数"设置页面,如图 2.15 所示。

图 2.14　"实时通信查看"页面

图 2.15　"台站参数"页面

1)"区站号"和"省名"在软件安装过程中已设置,在"台站参数"页为灰显,不能进行修改。

2)"台站名"为台站的全称,该栏只能输入中文、字母、数字、下划线等,最多 25 个汉字。

3)"站址"为台站所在详细地址,只能输入中文、字母、数字、下划线等,最多 100 个汉字。

4)"地理环境":填写台站所处地理环境描述,遇有两个或以上地理环境描述,用英文半角";"分隔,如:"郊区;山顶"。

5)"省编档案号",由 5 位数字组成。

6)"台站字母代码",由四位大写的英文字母组成,每个台站的字母代码都是唯一的。

7)"自动站类型标识",根据台站类别,选择"基准站""基本站"或"一般站"。"人工定时观测次数""基准站"和"基本站"选择 5 次,"一般站"选择 3 次。

8)"观测场拔海高度""气压传感器拔海高度""风速传感器距地高度""风向传感器距地高度""平台距地高度"和"各辐射表距地高度"均以米(m)为单位,保留 1 位小数。

9)"辐射站级别"默认为灰显,只有当"观测项目挂接设置"中勾选了"辐射"之后才可以进行设置。"辐射站级别"与各辐射表离地高度相关联。例如选择了"二级站","总辐射"和"净辐射"会开放选择,"总表离地高度"和"净表离地高度"也开放录入。

10)"地方时差"为根据台站经度计算得到,此处为灰显。在完成辐射项目挂接后,通过"采集器通信监控操作命令"或"维护终端"功能,将台站经度和地方时差写入采集器(注意:软件"台站参数"中的经纬度、地方时差必须和自动站采集器中的参数一致),如图 2.16 所示。

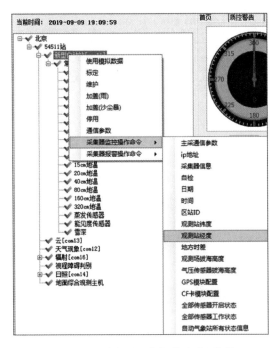

图 2.16　"采集器监控操作命令"菜单

11)"酸雨观测站"根据台站是否有酸雨观测任务选择"是"或"非"。

12)"基准辐射站"根据台站是否有基准辐射观测任务选择"是"或"非"。

13)"视程障碍现象湿度"为自动判别轻雾和霾的相对湿度阈值,默认为"80",可根据台站实际情况进行合理设置。

14)"视程障碍现象24小时温差":为自动判别发生浮尘现象的24小时温差参考值,以摄氏度(℃)为单位,保留1位小数,软件默认"－10",一般保留默认值。

15)"视程障碍现象风速":为自动判别扬沙和沙尘暴现象的2 min平均风速参考值,以米/秒(m/s)为单位,保留1位小数。软件默认10,一般保留默认值。

16)"视程障碍现象能见度高阈值":为自动判别扬沙、浮尘、轻雾和霾的自动观测10 min滑动平均能见度值,以米为单位,保留整数,台站需根据相关业务规定设置阈值。

注:10 min滑动平均能见度是指当前分钟前十分钟内的10 min平均能见度的滑动平均值。

17)"视程障碍现象能见度低阈值":输入判别雾和沙尘暴的自动观测10 min滑动平均能见度值,以米为单位,保留整数,台站需根据相关业务规定设置阈值。

18)视程障碍类天气现象判识经验算法:

①无降水现象、能见度低阈值≤10 min滑动平均能见度＜能见度高阈值、相对湿度＞视程障碍现象湿度时,判识为轻雾。

②无降水现象、10 min滑动平均能见度＜能见度低阈值、相对湿度＞视程障碍现象湿度时,判识为大雾。

③无降水现象、风速＞风速阈值、10 min滑动平均能见度＜能见度低阈值时、10 min滑动平均相对湿度≤相对湿度低阈值(40%)时,判识为沙尘暴。

④无降水现象、风速＞风速阈值、能见度低阈值≤10 min滑动平均能见度＜能见度高阈值时、10 min滑动平均相对湿度≤相对湿度低阈值(40%)时,判识为扬沙。

⑤无降水现象、风速≤风速阈值、10 min滑动平均能见度＜能见度高阈值、10 min滑动平均相对湿度≤相对湿度低阈值(40%),24小时降温幅度≤温差阈值(－10.0℃)时,判识为浮尘。

⑥无降水现象、10 min滑动平均能见度＜能见度高阈值、10 min滑动平均相对湿度≤相对湿度阈值时,判识为霾。

19)"降水相态温度参数"是降水相态变化的参考值,默认为"0","降水相态间隔参数"默认值为"10",一般保留默认值。

20)自定项目参数:

①"自动雨量数据来源":同时挂接了翻斗式雨量传感器和称重式雨量传感器的台站,非结冰期的降水观测数据以翻斗式雨量传感器数据为准,"自动雨量数据来源"需选择"翻斗式雨量计";结冰期或翻斗式雨量传感器故障期间,使用称重式雨量传感器,"自动雨量数据来源"需选择"称重式雨量计"。

②能见度自动观测的台站,自动项目挂接了能见度传感器后,"自动能见度数据来源"和"能见度"选项复选框默认"灰显",同时挂接"视程障碍判别"时,"视程障碍天气现象"选项复选框默认"灰显";能见度未实现自动观测的台站,"自动能见度数据来源"灰显"无","能见度"栏可选择为"人工"或"无"。

③未实现云量、云高、雪深、其他天气现象自动观测的台站,"云量""云高""其他类天气现象"和"雪深"栏根据需要选择为"人工"或"无";实现自动观测台站,相应参数设置栏灰显。

④"电线结冰"和"冻土"等人工观测项目,可根据台站观测项目设置为"人工"或"无"。

⑤实现日照自动观测的台站,"日照"栏选择为"无","日照数据来源"选择"日照传感器";

未实现日照自动观测的台站，"日照"栏选择为"人工"，"日照数据来源"选择"无"。

⑥实现大型蒸发自动观测的台站，"蒸发"栏设置为"无"，冬季结冰期间或用人工观测值替代时，"蒸发"栏设置为"人工"。

21）以上各项参数均不输入单位。

2.6 自定项目参数

ISOS 软件运行时，需要对应急加密观测、FTP 通讯参数、辐射仪器参数、辐射审核规则库、酸雨参数、酸雨仪器参数、基准辐射参数等进行设置。点击主菜单栏"参数设置"→"自定项目参数"，弹出"自定项目参数"设置页面，如图 2.17 所示。

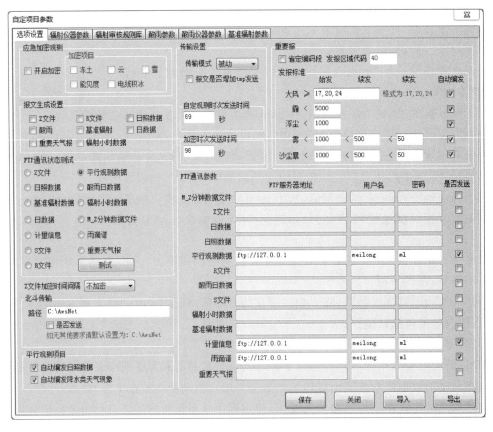

图 2.17 "自定项目参数"页面

2.6.1 选项设置

（1）应急加密观测设置

当有应急加密观测任务时，根据应急加密指令勾选"开启加密"及相应的应急加密项目（电线积冰、能见度、云、冻土、雪），如图 2.18 所示。

（2）报文生成设置

BUFR 单轨运行后，"Z 文件""酸雨""辐射小时数据""日照数据"和"日数据"选项不能勾

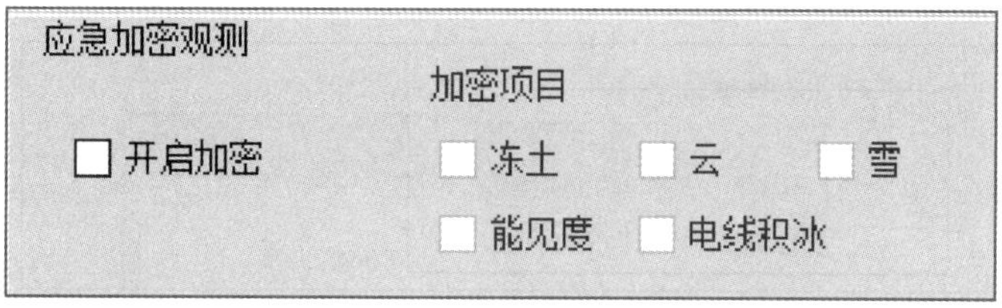

图 2.18　"应急加密观测"页面

选,其他类型文件可根据需要勾选,如图 2.19 所示。

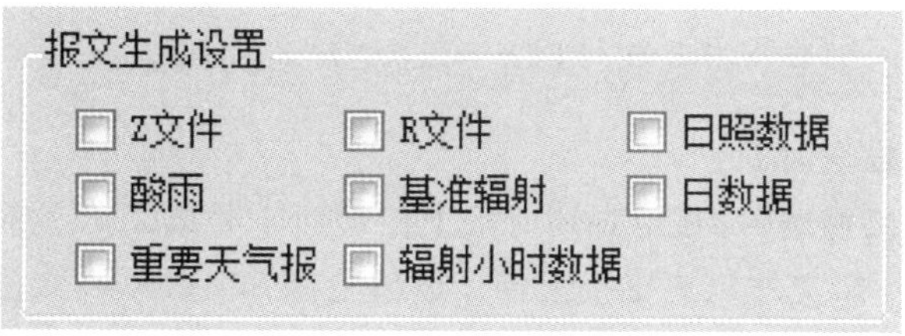

图 2.19　"报文生成设置"页面

"消息包发送":报文发送包括 FTP 和消息包两种方式,勾选"是否开启消息包发送",设置好省级消息包服务器 IP 地址和端口,数据将以消息包的形式发送。无消息包发送任务的省(区、市),软件屏蔽了该功能按钮。

"传输模式":FTP 传输传输模式一般选择"被动",启用 VPN 备份网络且被动模式发送异常时,需选择主动模式。

报文是否增加 tmp 发送:台站经常出现报文发送成功但省级数据中心接收不到报文时,需勾选。

"FTP 通讯参数":若要上传某项或多项报文,需勾选报文对应的"是否发送"复选框,然后设置 FTP 服务器地址(注意在 IP 地址前加 ftp://,如"ftp://127.0.0.1/Awsnet/")、用户名和密码,即可开启 FTP 发送。

BUFR 单轨运行后,"M_Z 分钟数据文件""Z 文件""日数据""日照数据""酸雨日数据"和"辐射小时数据"对应"是否发送"选项不能勾选。平行观测数据、计量信息和雨滴谱必须勾选,R 文件、S 文件、基准辐射数据和重要天气报可根据业务需要勾选,如图 2.20 所示。

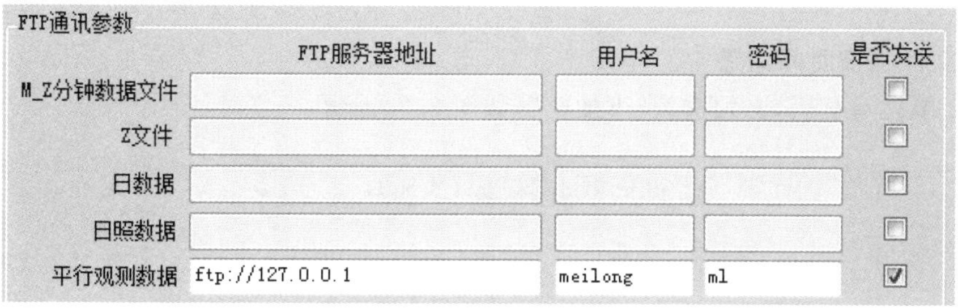

图 2.20"FTP 通讯参数"页面

FTP 通讯状态测试:对要发送的报文设置好 FTP 通讯参数后,选择某项报文并点击"测试"按钮,可以测试该项报文所对应的 FTP 参数设置是否正确,如图 2.21 所示。

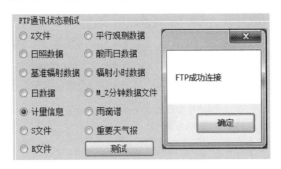

图 2.21 "FTP 通讯状态测试"页面

(3)自定观测时次发送时间

软件运行正常、网络畅通时,自定观测时次上传地面小时 BUFR 文件的时间,在此时间之后生成的地面小时 BUFR 文件以更正报上传。取值范围 60~300 s,默认 60 s(1 min),台站可自行设置,如图 2.22 所示。

图 2.22 "自主观测时次发送时间"页面

(4)加密时次发送时间

当"参数设置"→"自定项目参数"→"选项设置"中勾选"开启加密"时,"加密时次发送时间"是指软件运行正常、网络畅通时,上传非定时观测时次的正点地面小时 BUFR 文件的时间,在此时间之后生成的地面小时 BUFR 文件以更正报上传。取值范围 60~300 s,默认 60 s(1 min),台站可自行设置。不勾选"开启加密"时,非定时观测时次的正点地面小时 BUFR 文件会在正点后 1 min 内上传,如图 2.23 所示。

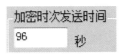

图 2.23 "加密时次发送时间"页面

(5)Z 文件加密时间间隔

BUFR 单轨运行后,必须选为"不加密",如图 2.24 所示。

图 2.24 "Z 文件加密时间间隔"页面

(6)北斗传输

BUFR 单轨运行后,建议不勾选"是否发送"复选框,避免误上传 Z 文件,如图 2.25 所示。数据文件上传到 FTP 服务器前,自动复制到北斗路径下。

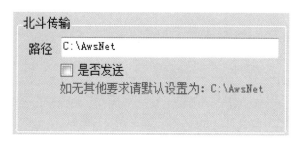

图 2.25　"北斗传输"页面

(7)平行观测项目

"自动编发降水类现象":降水现象平行观测一年后勾选启用,勾选后自动观测的"降水类天气现象"写入正点地面小时 BUFR 文件;不勾选时,人工观测的降水现象通过"正点观测编报"界面录入。"自动编发日照数据":日照平行观测第一阶段后勾选启用,勾选后自动观测的"小时日照时数"实时保存到地平时正点 00 分的后一正点时次(北京时)BUFR 格式数据文件中,"日日照时数"保存到 00 时(北京时)BUFR 格式数据文件中;不勾选时,人工观测的"日日照时数"通过"日照数据编报"界面录入。平行观测项目勾选设置如图 2.26 所示。

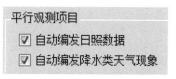

图 2.26　"平行观测项目"页面

(8)导入、导出

"选项设置"页面的"导出(导入)"按钮可以将"选项设置"和"酸雨参数"这 2 个页面中的参数导出(导入)。导出(导入)的参数文件为 xml 格式。

2.6.2　辐射仪器参数

"辐射仪器参数"标签页设置项包括:仪器名称、型号、号码、灵敏度、响应时间、电阻、检定日期、启用日期,如图 2.27 所示。

仪器名称:从下拉列表中选择,可选项有总辐射表、净全辐射表、直接辐射表、散射辐射表、反射辐射表、记录器。必须选择仪器名称,方可输入其他参数。

型号:由字母、数字、下划线或短横线组成,不定长。

号码:由数字组成,不定长。

灵敏度:由 4 位数字组成,灵敏度值扩大 100 倍录入,单位为 $\mu V \cdot W^{-1} \cdot m^2$。净全辐射表灵敏度录入白天值和晚上值两组,用英文半角";"分隔。

响应时间:由 2 位数字组成,单位为秒(s)。

电阻:由 4 位数字组成,电阻值扩大 10 倍录入,高位不足补"0",单位为 Ω。

检定日期:辐射表的检定日期,双击点选修改或手工输入。

启用日期:辐射表的启用日期,双击点选修改或手工输入。

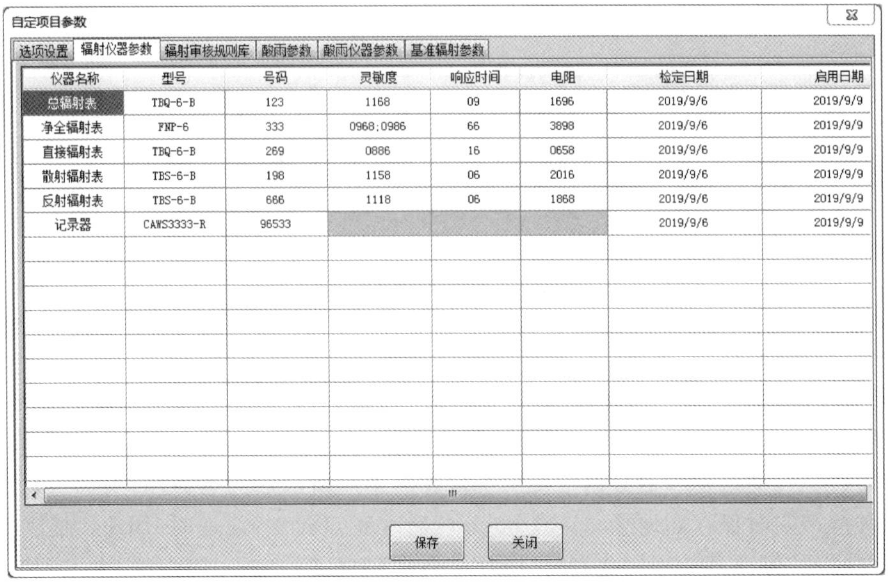

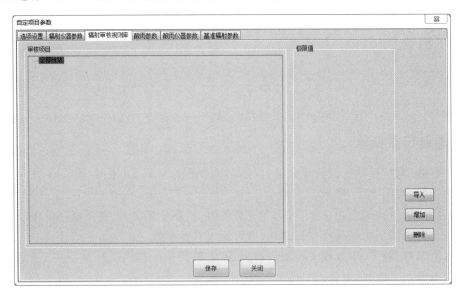

图 2.27 "辐射仪器参数"标签页

2.6.3 辐射审核规则库

可以进行"导入""增加"和"删除"操作,如图 2.28 所示。

图 2.28 "辐射审核规则库"标签页一

导入:点击"导入"按钮,可从 OSSMO 2004 软件的审核规则库 SysLib. mdb 中导入,如图 2.29 所示。

也可以将导入的文件类型选择为"ISOS RadiationRule(＊. xml)",从已经保存或备份的 RadiationRule. xml 文件中导入审核规则库参数(该参数文件默认保存在"…\bin\Config\ RuleBase\"目录下),如图 2.30 所示。

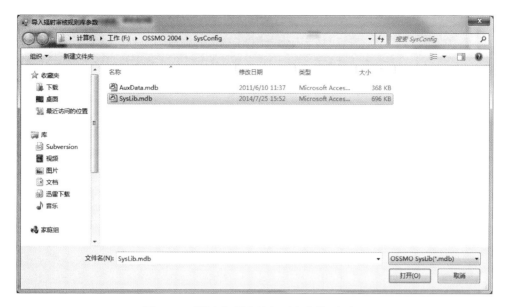

图 2.29 "导入辐射审核规则库参数"方法一

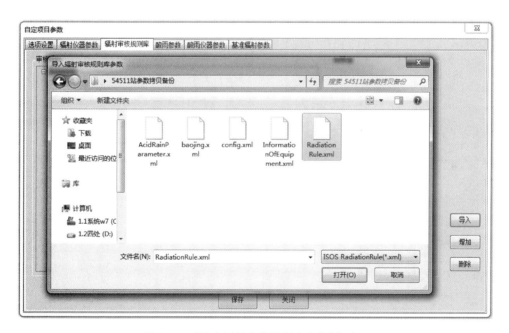

图 2.30 "导入辐射审核规则库参数"方法二

增加:如果不导入参数,也可点击"增加"按钮,建立以当前台站号命名空的辐射审核规则库,如图 2.31 所示。

根据台站实际情况设置辐射审核规则,然后保存,如图 2.32 所示。

删除:点击"删除"按钮,可以删除非本站的辐射审核规则库。

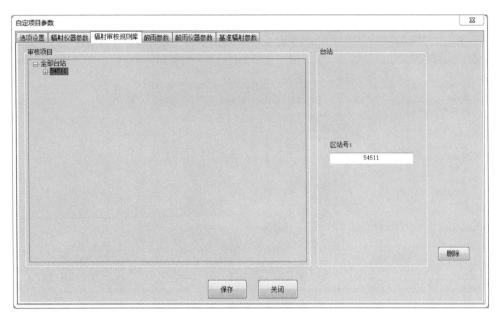

图 2.31 "辐射审核规则库"标签页二

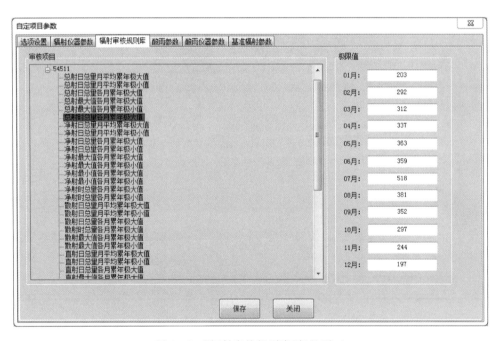

图 2.32 "辐射审核规则库"标签页三

2.6.4 酸雨参数

酸雨参数用于设置酸雨观测的海拔高度、采样方式、采样界定日、降水样品 pH 值和 K 值测量时站内复测的界限值。界限值从本站前 3 年(不含本年,下同)的酸雨观测资料中统计得到。它是在酸雨观测测量中进行质量控制的重要依据之一,人工录入时 pH 值需扩大 100 倍录入,K值需扩大10倍录入,也可以通过历史数据导入自动统计填入。

主菜单"自定观测项目"→"酸雨"→"酸雨日记录簿"的"导入 Access"功能,可以把 OS-MAR 酸雨软件中前3年的 AR 历史数据导入(导入时,浏览到 BaseData 文件夹,Ctrl+A 全选,点击"打开")。导入完毕后点击"酸雨参数"页面的"年末计算"按钮,会自动计算前3年的酸雨 pH 极值、K 极值以及降水次数。

站内复测上(下)限值:根据极值统计,确定本年度的站内复测上(下)限值(详见《酸雨观测业务规范》附录8)。确定规则如下。

1)在年平均降水日数多于等于50天的地区,取前3年所有降水 pH 值或 K 值的第5位极高(低)值;

2)在年平均降水日数少于50天、多于等于20天的地区,取前3年所有降水 pH 值或 K 值的第3位极高(低)值;

3)在年平均降水日数少于20天的干旱地区,取前3年所有降水 pH 值或 K 值的最高(低)值。

注意:在复测上(下)限值统计中,应使用历史资料中的初测平均值。

具体统计时,可先逐年统计出5个极值,然后再确定出前3年的5个极值。举例:若某酸雨观测站年平均降水次数大于50次,2014—2016年的 pH 极值如表2.2所示(带下划线的数字为前5位的极值),则2017年的站内复测上限取第5位极大值6.20,下限取第5位极小值3.69。若该站平均降水次数为45次,则2017年的站内复测上限取第3位极大值6.28,下限取第3位极小值3.63。某酸雨站站内复测上下 pH 值列表如表2.2所示。

表2.2　某酸雨观测站2017年度站内复测上限 pH 值列表

年份	前5位极大值	前5位极小值
2014	6.28,6.17,6.08,5.99,5.93	3.69,3.72,3.79,3.82,3.91
2015	6.39,6.31,6.20,6.09,6.03	3.54,3.63,3.90,3.91,3.96
2016	6.23,6.16,6.14,5.98,5.92	3.62,3.69,3.78,3.79,3.84
2014—2016	6.39,6.31,6.28,6.23,6.20	3.54,3.62,3.63,3.69,3.69

年值计算:当上一年观测完毕,点击"年值计算"按钮,可根据前3年的观测资料计算出本年的站内复测上(下)限值,如图2.33所示。

站外复测上(下)限:根据酸雨规范的规定,录入站外复测值。酸雨 pH 极值站外复测上限为900,站外复测下限为300;酸雨 K 极值站外复测上限为10000,站外复测下限为20。

海拔高度:根据台站实际情况,选择"实测"或"估测"。

采样方式:根据台站实际情况,选择"自动采样"或"人工采样"。

采样日界:根据台站实际情况,选择"日采样"或"降水过程采样"。

缓冲溶液:根据台站实际情况,选择"酸性溶液"或"碱性溶液"。

2.6.5　酸雨仪器参数

酸雨仪器参数包括仪器名称、规格型号、编号、数量、购置或检定日期、启用日期和备注。

仪器名称:从下拉列表中选择,可选项有 pH 计、电导率仪、复合电极、测温探头、电导电极、烧杯、容量瓶、表面皿、洗瓶、托盘、采样桶、带盖塑料瓶、带盖试剂瓶、储水桶和自动采样器。必须先选择仪器名称,才可输入其他参数项,如图2.34所示。

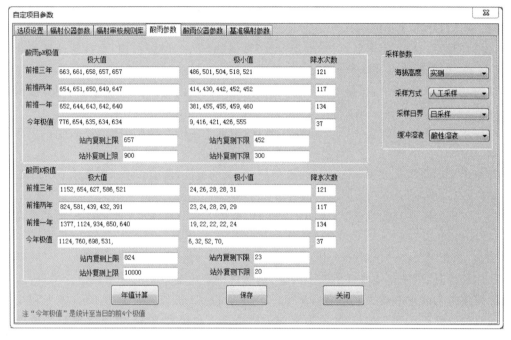

图 2.33 "酸雨参数"标签页

图 2.34 "酸雨仪器参数"标签页

规格型号、编号、数量:根据台站实际情况输入,可输入任意字符。

购置或检定日期:有检定日期的仪器填检定日期,否则填购置日期,双击点选修改或手工输入。

启用日期:酸雨仪器的启用日期,双击点选修改或手工输入。

注:需要补充说明的内容。当仪器名称为"电导电极"时,应输入电极常数值。输入格式为"电极类型/电极常数",如只录入电极常数,应按"/电极常数"格式输入。

2.6.6　基准辐射参数

基准辐射参数包括仪器名称、型号、号码、灵敏度、响应时间、电阻、检定日期和启用日期等,如图 2.35 所示。

仪器名称	型号	号码	灵敏度	响应时间	电阻	检定日期	启用日期
总辐射表	CMP18	186898	0968	06	0018	2019/9/6	2019/9/9
直接辐射表	CMP8	186888	0888	06	0018	2019/9/6	2019/9/9
散射辐射表	CMP18	186899	0889	06	0018	2019/9/6	2019/9/9
反射辐射表	CMP18	186889	0866	06	0018	2019/9/6	2019/9/9
大气长波	IR06	1868	1266	06	0018	2019/9/6	2019/9/9
地面长波	IR06	1258	1299	06	0018	2019/9/6	2019/9/9
紫外辐射表	UVSABTA	128168	2088	06	0018	2019/9/6	2019/9/9
紫外辐射表	UVSABTB	128168	2868	06	0018	2019/9/6	2019/9/9
光合有效	LI160SB	51869	0696	06	0018	2019/9/6	2019/9/9
记录器	WSSHBRS	1285868				2019/9/6	2019/9/9

图 2.35　"基准辐射参数"标签页

仪器名称:从下拉列表中选择,可选项包括总辐射表、净全辐射表、直接辐射表、散射辐射表、反射辐射表、紫外辐射表、大气长波辐射表、地面长波辐射表、光合有效辐射表和记录器等。必须先选择仪器名称,才可输入其他参数项。

型号、号码、灵敏度、响应时间、电阻、检定日期和启用日期的设置同"辐射仪器参数"。

2.7　降水现象综合判识参数

"质控参数"标签页用于设置"雨""雪""雨夹雪""毛毛雨"和"冰雹"5 类降水天气现象的气温、湿度、持续时间等相关阈值,如图 2.36 所示。

软件根据设定的阈值对自动识别的降水现象进行内部一致性检查,通常保持默认值,降水类天气现象质控流程如图 2.37 所示。

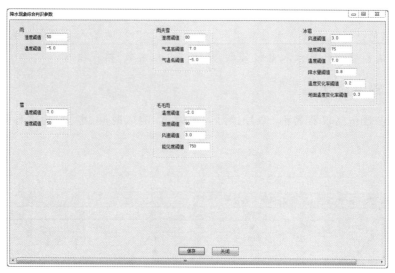

图 2.36 "降水现象综合判识参数"页面

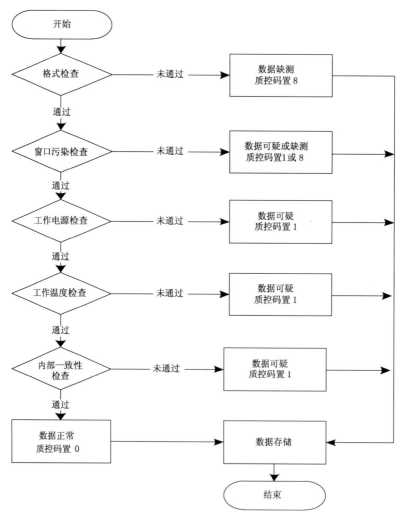

图 2.37 降水类天气现象质控流程

2.8　计量信息参数

点击主菜单栏"参数设置"→"计量信息参数",弹出"计量信息参数"页面,包括"新型自动站各传感器"和"辐射各传感器"两部分,如图 2.38 所示。

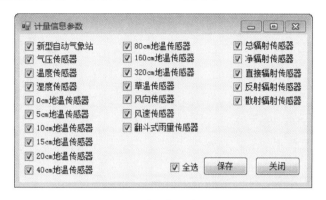

图 2.38　"计量信息参数"页面

注:"计量信息参数"界面不包括无计量信息的自动观测项目,如降水现象仪、前向散射能见度仪等。

根据本站承担的观测任务,配置需要计量的传感器后,即可在主菜单栏"计量信息"下选取相应设备,弹出该设备"计量信息参数"页面,录入各要素计量信息,形成计量信息 XML 文件。该文件保存在"...\ISOS\bin\Send\JL\"目录下,通过 ISOS 软件 FTP 上传。

2.9　分钟极值参数

点击主菜单栏"参数设置"→"分钟极值参数",弹出"分钟极值参数"页面,包括"分月极值参数"和"其他极值参数"两个标签页,如图 2.39 所示。

导入:从"分月极值参数"或"其他极值参数"标签页均可导入,导入数据源可以是 OSSMO 的参数库文件 SysLib.mdb 或 ISOS 软件备份导出的极值参数文件(＊.txt)。从 SysLib.mdb 中导入时,必须确保审核规则库中有本站的气候极值参数。

导出:可将分钟极值参数导出为文本文件(＊.txt)进行备份保存,从"分月极值参数"或"其他极值参数"标签页导出均可。

整行修改:可对选中的某行参数进行修改,整行修改时多个数据之间用英文半角","分隔,最后一个数据之后没有逗号。可以按原值或扩大 10 倍输入,保存后均以保留两位小数的格式显示。

点击鼠标左键,可对选中的单元格修改,点击"保存"后,分钟极值参数存入 smo.loc 文件中。如修改后未保存,点击"关闭",则提示"您修改了数据,是否保存?"对话框,点击"是",则保存修改数据并退出;点击"否",则不保存修改数据并退出。

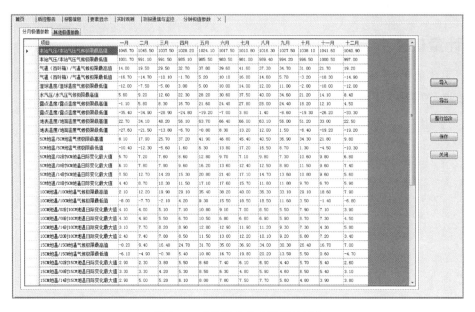

图 2.39 "分钟极值参数"标签页

2.10 小时极值参数

小时极值参数设置方法与分钟极值参数设置方法相同,如图 2.40 所示。

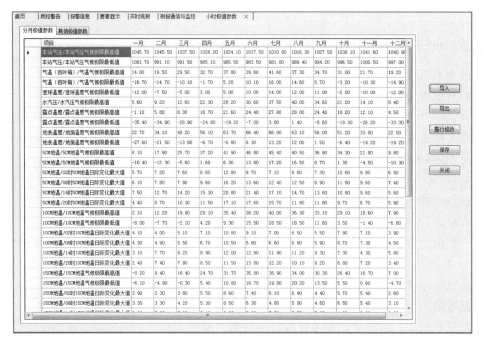

图 2.40 "小时极值参数"标签页

第 3 章

实时观测

主菜单栏"实时观测"项菜单,至少包括"首页""新型自动站"和"退出"3 项内容,如果挂接了"视程障碍判别""云""能见度""天气现象""辐射""日照"或"基准辐射"等项目,"实时观测"菜单也会显示出相应的内容,与"参数设置"→"系统设置"中的"实时观测菜单显示设备个数"值关联,如图 3.1 所示。

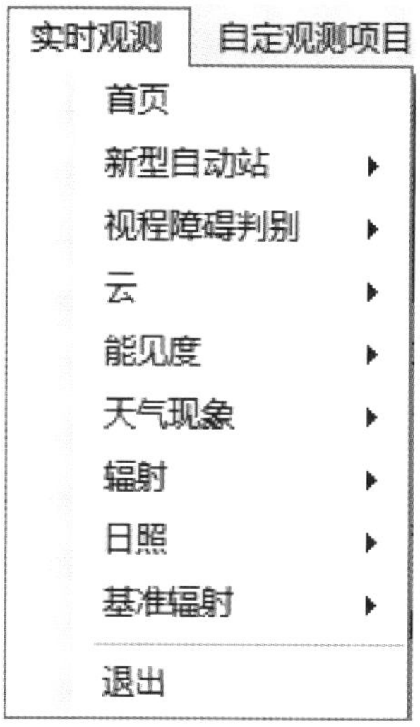

3.1 首页

打开 ISOS 软件,默认显示首页界面,包括"首页""质控警告""报警信息""要素显示""实时观测"和"测报通信与监控"6 个标签页,可点击标签页进行切换,或通过"实时观测"→"首页"切换到首页显示。首页左侧的项目挂接树状图只显示本站实际挂接的项目,树状图上方显示系统的当前时间。

3.1.1 实时运行首页

"实时运行首页"由"气象要素实时显示图""综合判别结果""数据统计信息"和"系统状态指示灯"4 部分组成,如图 3.2 所示。

图 3.1 "实时观测"项菜单

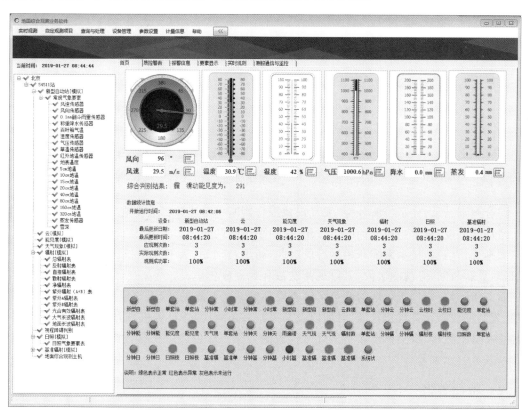

图 3.2 "实时运行首页"界面

"气象要素实时显示图"下方显示气象要素的当前值,由"参数设置"→"系统设置"→"首页控件显示要素所在数据表"选项确定显示要素值的数据表来源。包括分钟最大瞬时风速及对应风向,当前分钟的气温、湿度、气压、分钟降水量、小时内累计蒸发量等要素值,将鼠标放置在显示图范围内,可提示当前显示要素数据的数据源。

点击每个要素值后对应的曲线图标,可以显示该要素值前 120 min 的变化曲线,可设置纵轴的最大值和最小值来改变曲线图的显示效果。可勾选各要素复选框,设置曲线中要显示的要素种类,必须至少选择一个要素,当选择的要素仅为一个时,该要素复选框变为灰显,如图3.3 所示。

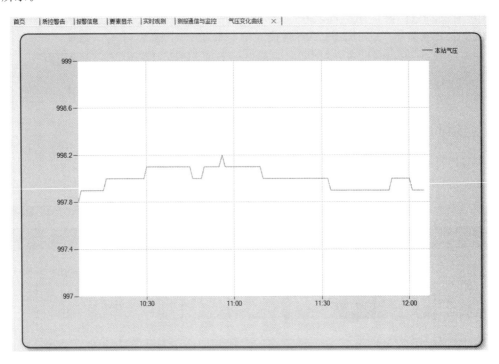

图 3.3 "气压变化曲线"页面

综合判别结果:显示当前分钟"天气现象综合判断每日逐分钟数据表"中识别的天气现象。
滑动能见度:显示当前分钟的 10 min 滑动平均能见度。
数据统计信息:显示系统开始运行的时间,新型自动站、天气现象仪等设备的最后更新日期、最后更新时间、应观测次数、实际观测次数和观测成功率。
状态指示灯:通过指示灯的颜色可以查看新型站、云、能见度、天气现象等挂接设备的数据采集、复制、质控,设备校正日期、时间以及新型站和系统(业务计算机)的运行状态。可以将鼠标静止在灯上数秒,将会弹出该指示灯所代表的含义。绿色表示正常,红色表示异常(或正在工作),灰色表示未运行。

3.1.2 质控警告

"质控警告"是 ISOS 软件对自动观测数据进行质控后提出的疑误信息,包括表名、开始报警时间、结束报警时间、要素、原值、错误码、错误信息和报警次数。其中"错误信息"分为"错误、格式错误""可疑,超出台站极值范围""可疑,内部一致性检查不通过"和"可疑,与上一分钟比较超过最大变化值"等。可根据质控警告信息发现疑误数据,分析报警原因,修复硬件故障、处理异常数据、修改极值参数。

当警告信息太多时,可以点击"清空"按钮,该操作相当于清屏操作,不会删除质控记录。点击"更多"按钮,修改日期,可以查询台站当前日期之前某一天的质控日志,警告信息根据严重程度由高到低分为"致命""错误""警告""信息"和"提醒",如图 3.4 所示。

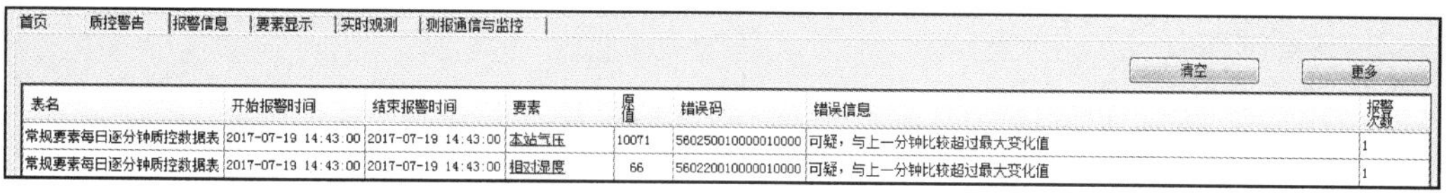

图 3.4　"质控警告"标签页

3.1.3　报警信息

"报警信息"主要是针对环境、流程、质控的监控报警,包括日期、时间、类型和报警信息 4 项内容。点击"清空",清空历史报警信息,该操作相当于清屏操作,不会删除报警记录。点击"更多",修改日期,可以查询台站当前日期之前某一天的报警信息,如图 3.5 所示。

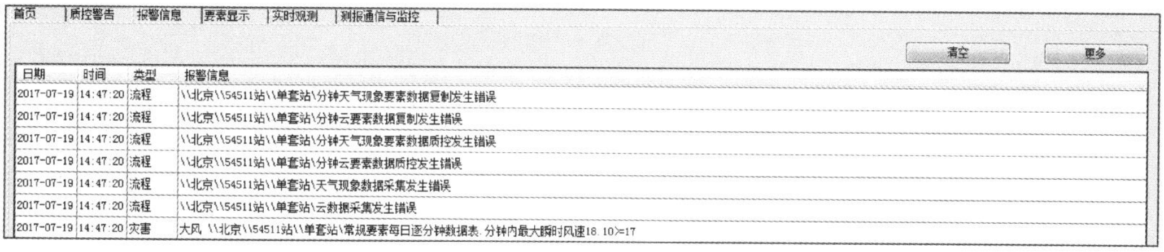

图 3.5　"报警信息"标签页

3.1.4　要素显示

"要素显示"可根据需要设置要显示的不同数据表中的某个或多个要素值,点击"配置",弹出"要素显示配置"页面,如图 3.6 所示。

点击文件的下拉菜单选择数据表,点击鼠标左键选中要素,点击"≫",相应要素显示在右侧对话框(也可以通过双击"要素"框中的选项完成要素选取),按住"Shift+鼠标左键"可实现多要素的连续选择,按住"Ctrl+鼠标左键"可实现多要素的不连续选择。点击"≪"取消已选择的要素(也可以通过双击"选择的要素"框中的选项取消要素选取),点击"上移"和"下移"调整已选择要素的显示顺序。配置显示的要素最少 1 项,最多 50 项,"每行显示要素个数"最少 1 项,最多 10 项。点击"保存"后,会在"要素显示"标签页显示已配置的要素名和对应要素值,如图 3.7 所示。

57

要素显示配置
文件
常规要素每日逐分钟数据表
选择的要素(至少1项，最多50项)
已选择5项
要素
时、分（北京时）
2分钟平均风向
2分钟平均风速
10分钟平均风向
10分钟平均风速
分钟内最大瞬时风速的风向
分钟内最大瞬时风速
2分钟平均风速（气候辅助观测）
10分钟平均风速（气候辅助观测）
分钟内极大风速（气候辅助观测）
分钟降水量（翻斗式或容栅式，RAT）
小时累计降水量（翻斗式或容栅式，RAT）
分钟降水量（翻斗式或容栅式，RAT1）
小时累计降水量（翻斗式或容栅式，RAT1）
分钟降水量（称重式）
小时累计降水量（称重式）
气温（百叶箱）
通风防辐射罩通风速度
气温（通风防辐射罩）
湿球温度
湿敏电容湿度值
相对湿度
水汽压
露点温度
常规要素每日逐分钟数据表.时、分（北京时）
常规要素每日逐分钟数据表.2分钟平均风向
常规要素每日逐分钟数据表.2分钟平均风速
常规要素每日逐分钟数据表.10分钟平均风向
常规要素每日逐分钟数据表.10分钟平均风速
>>
<<
上移
下移
每行显示要素个数
2
保存
取消

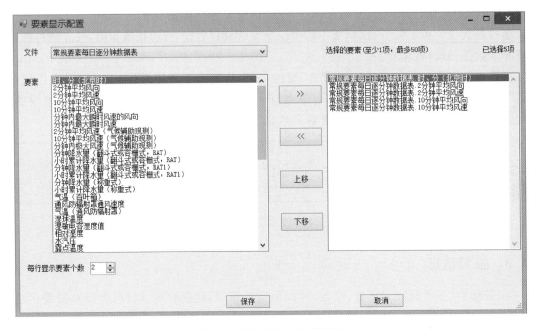

图 3.6 “要素显示配置”页面

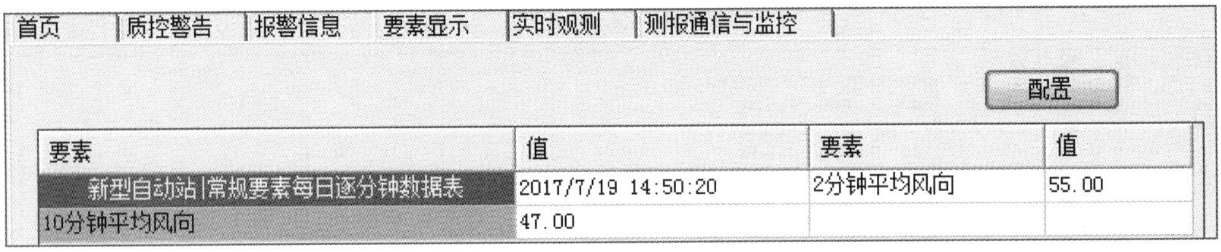

首页
质控警告
报警信息
要素显示
实时观测
测报通信与监控
配置
要素
值
要素
值
新型自动站|常规要素每日逐分钟数据表
2017/7/19 14:50:20
2分钟平均风向
55.00
10分钟平均风向
47.00

图 3.7 “要素显示”标签页

3.1.5 实时观测

“实时观测”页面实时显示日内已观测的能见度、气压、气温、相对湿度、地温、草面温度、风的极值及出现时间，累计降水量(6 小时分段累计、12 小时分段累计、20 时至当前总量)，自动判识视程障碍现象、降水现象、自动日照累计，当日天气现象，辐射辐照度(极值及时间)、曝辐量，基准辐射辐照度(极值及时间)、曝辐量等，如图 3.8 所示。

3.1.6 测报通信与监控

测报通信与监控可用来监控 Z 文件(雨滴谱 BUFR 文件)发送、消息包、BUFR 报文的发送情况。

(1)Z 文件发送

“Z 文件发送”界面由“实时通信”“Z 文件(日照、辐射、基准辐射状态、酸雨、日照数据、日数据)”“通信状态”“发送队列”“发送失败”情况 5 部分组成。“Z 文件(日照、辐射、基准辐射状态、酸雨、日照数据、日数据)”窗口下方是各颜色状态灯指示意义说明。窗口提供的功能按钮包括：“Z 文件补发”“M_Z 补发”、酸雨“手动补发”、基准辐射“日数据补发”“月数据补发”功能

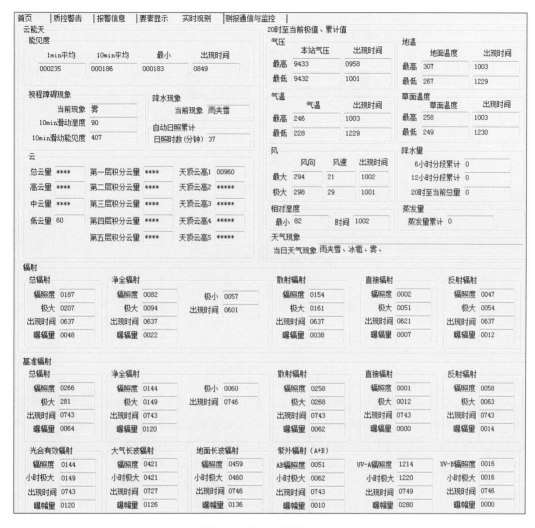

图 3.8　"实时观测"标签页

按钮以及"发送失败"窗口下方"重发所有"和"清空所有"功能按钮。BUFR 单轨运行后,此界面仅用于监控雨滴谱 BUFR 数据是否上传。

实时通信:实时显示数据(报文)发送记录,如图 3.9 所示。

| 首页 | 质控警告 | 报警信息 | 要素显示 | 实时观测 | 测报通信与监控 |

Z文件发送　BUFR数据发送

实时通信

2017-08-18 22:50:24: Z SURF I 54511 20170818145000 O AWS-RSD-MM FTM.BIN上传成功.

图 3.9　"Z 文件发送"标签页

Z 文件:用文件传输状态指示灯直观的表示 Z 文件发送情况。"灰色"表示待发,"蓝色"表示已发,"红色"表示缺报。

通信状态:监控业务计算机与 FTP 服务器的通信情况,BUFR 单轨运行后,能够上传雨滴谱 BUFR 数据,但为了避免误会,状态条灰显且显示"连接失败",如图 3.10 所示。

图 3.10 "通信状态"页面

发送队列:显示将要发送的数据(报文)文件队列,发送成功后,待发 Z 文件自动清空,如图 3.11 所示。

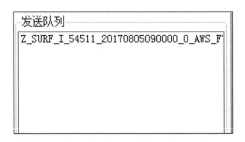

图 3.11 "发送队列"页面

发送失败:显示发送失败的数据(报文)文件队列。点击"重发所有"按钮,能把发送失败队列的 Z 文件重新发送,点击"清空所有",将清空发送失败列表。如果不清空"发送失败"列表中的报文,"实时通信"队列中会不断显示上传失败的信息。如图 3.12 所示。

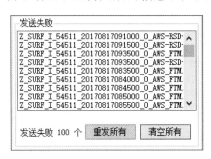

图 3.12 "发送失败"页面

日数据补发(月数据补发):点击"基准辐射状态"标签页"日数据补发"按钮,可补发基准辐射分钟日数据文件 BSRM_MUL_MIN_IIiii_YYYYMMDD.txt;点击"月数据补发"按钮可补发基准辐射小时月数据文件 BSRM_MUL_HOR_ IIiii_YYYYMMDD.txt,如图 3.13 所示。

(2)消息包发送

"自定项目参数"→"发送参数设置"标签页勾选"是否开启消息包发送",输入"服务器 IP"和"端口",如图 3.14 所示。

ISOS 软件关联"测报通信与监控"的消息包发送页面,如图 3.15 所示。

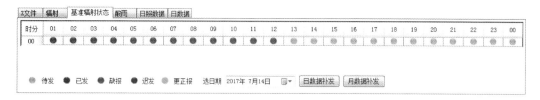

图 3.13 "基准辐射状态"标签页

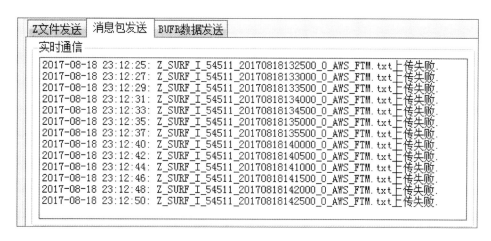

图 3.14 "选项设置"标签页

图 3.15 "消息包发送"标签页

"实时通信""通信状态""发送队列"和"发送失败"等功能与"FTP 报文发送"标签页相同。

(3)BUFR 数据发送

数据发送状态监控:数据发送状态监控包括"地面分钟""地面小时""辐射分钟""辐射小时""酸雨""雨滴谱"和"状态"7 个标签页;每个标签页中的数据传输指示灯直观地表示数据发送情况。"灰色"表示待生成,"绿色"表示已生成,"蓝色"表示已发送,"红色"表示缺报,"橙色"表示更正报,如图 3.16 所示。

BUFR 数据状态:监控 BUFR 数据文件积压情况,如图 3.17 所示。

实时通信:显示 CTS2 回执信息,如图 3.18 所示。

发送失败:显示未成功上传的 BUFR 数据文件。

发送队列:显示已生成待发送的 BUFR 数据文件。

BUFR 数据补发:人工获取 ISOS 软件因故(如关闭期间)未形成或重新形成的 BUFR 格式数据文件。选择开始和结束时间,点击"BUFR 数据补发"按钮,获取选择时段内的 BUFR 格式数据文件,点击"确认发送"按钮,完成报文发送。获取补发文件后,不关闭补发窗口、且不

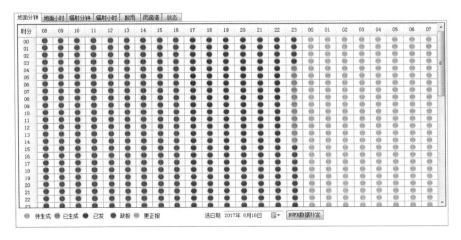

图 3.16 "BUFR 数据发送状态监控"页面

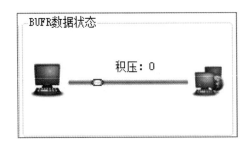

图 3.17 "BUFR 数据状态"页面

图 3.18 "BUFR 数据发送"标签页

点击"确认发送"按钮时不发送,自动补发时需 30 s 后软件自动进行报文发送,如图 3.19 所示。

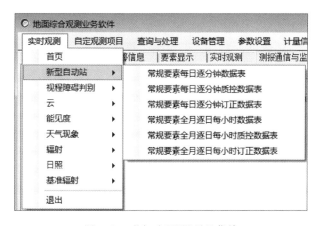

图 3.19　"BUFR 数据补发"标签页

注：每小时 53 分自动补发 1 小时内未生成的 BUFR 数据文件；每日 19：30 自动补发 24 小时内未生成的地面（辐射）分钟、小时 BUFR 格式数据文件。

3.2　挂接项目数据表

点击主菜单栏"实时观测"，下拉菜单显示挂接的所有项目，如新型自动站、视程障碍判别、云、能见度、天气现象、辐射和日照等。点击对应项目名称，二级菜单中显示该项目对应的所有数据表，如图 3.20 所示。

图 3.20　"实时观测"项目菜单

打开某一数据表，通过修改时间、点击"查看"或者通过点击"上一分钟""下一分钟""上一小时""下一小时"等按钮，实现对数据表的查看。点击"文件目录"，可以打开该数据文件所在的路径，如图 3.21 所示。

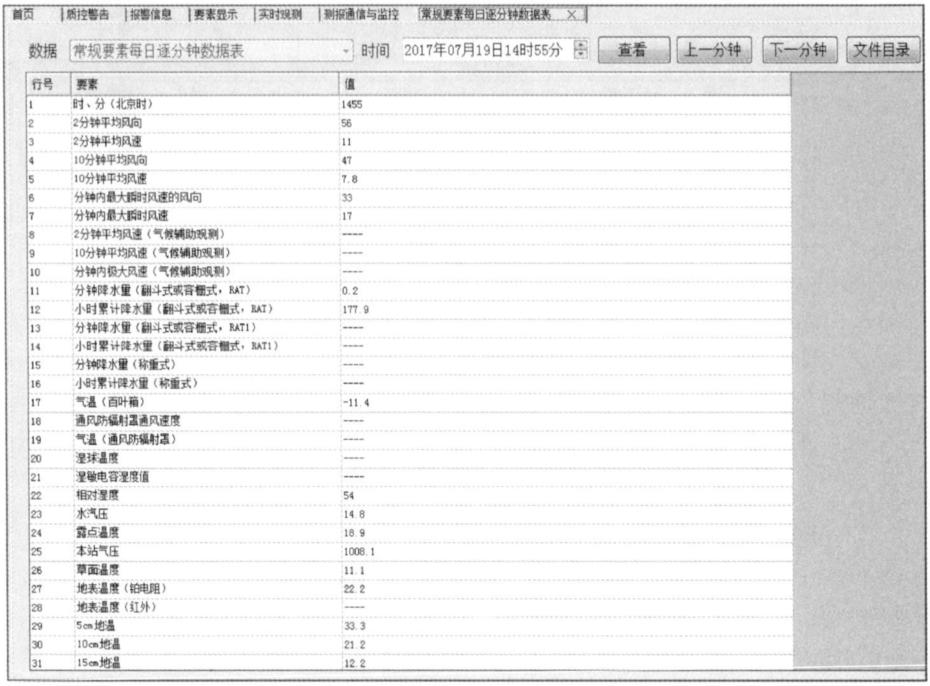

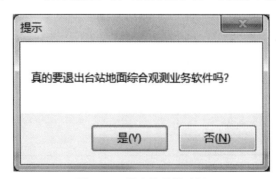

图 3.21 "常规要素每日逐分钟数据表"标签页

注:"----"表示没有挂接传感器,无数据;"////"表示观测数据缺失。该功能为实时观测数据查看界面,当软件采集到新的数据时,界面自动刷新,若需长时间查看或分析某时段观测数据,需用其他数据查询功能进行查询,详细见"数据查询"章节。

3.3 退出

点击主菜单栏"实时观测"→"退出"按钮,弹窗提示"真的要退出台站地面综合观测业务软件吗?",点击"是",退出 ISOS 软件;点击"否",关闭提示窗口,软件不退出,如图 3.22 所示。

图 3.22 退出软件提示框

第 4 章

自定观测项目

主菜单栏"自定观测项目"是人机交互操作的主要菜单,包括"省级自定与应急观测""日照数据编报""辐射""酸雨"和"重要天气报"5 项内容。点击"辐射",二级菜单中显示"辐射 R 文件""辐射小时数据"和"辐射日数据"3 项内容;点击"酸雨",二级菜单中显示"酸雨日记录簿""酸雨日记录转 S 文件"和"酸雨环境报告书"3 项内容,如图 4.1 所示。

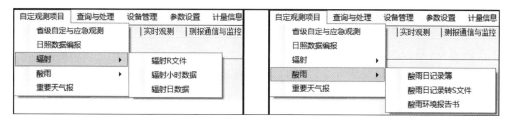

图 4.1 "自定观测项目"菜单

4.1 省级自定与应急观测

点击主菜单栏"自定观测项目"→"省级自定与应急观测",弹出"省级自定与应急观测"页面,默认显示已入库的自动和人工观测数据,如图 4.2 所示。

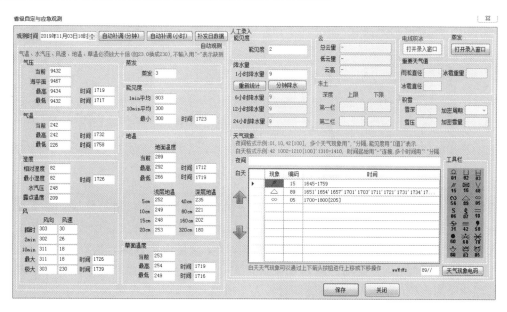

图 4.2 "省级自定与应急观测"页面一

观测时间:默认显示当前计算机系统的年、月、日、时。观测时间可以点选修改,"正点观测编报"页面中的数据随时间的调整在数据库中读取后刷新显示。

自动补调(分钟):当数据库中的气压、气温、湿度、2 min 平均风向风速、10 min 平均风向风速、地温(地面、浅层、深层)、草温正点要素缺测时(极值及出现时间除外),点击"自动补调(分钟)"按钮,从该时次的订正分钟数据文件(M_Z 文件)中按正点前后 10 分钟的替代顺序补调数据,单元格背景色以浅蓝色显示。

按业务规定,2 min(10 min)平均风向风速优先用风向风速皆有的分钟数据代替,否则只用接近正点的风速分钟数据代替(注：此功能未考虑正点前后10分钟数据可用性，在确保分钟数据没有异常时使用，否则需录入人工选取数据替代)。

自动补调(小时)：点击"自动补调(小时)"按钮，从订正小时数据文件(H_Z文件)中读取各要素正点数据(正点值、小时极值及出现时间)、从订正分钟数据文件(M_Z文件)中读取分钟降水、统计1小时降水量、从天气现象数据文件中读取自动观测天气现象，刷新"正点观测编报"页面中的自动观测数据并重新入库。该操作将覆盖本时次已质控的观测数据，清空已录入的人工观测数据(如：云、天气现象、雪深、雪压、冻土、雨凇直径、冰雹直径等)，请慎用。

补发日数据：日数据漏发或异常时，调整到需补发的日期，点击"补发日数据"按钮，完成该日日数据的补发，BUFR单轨运行后，此功能不再使用，如图4.3所示。

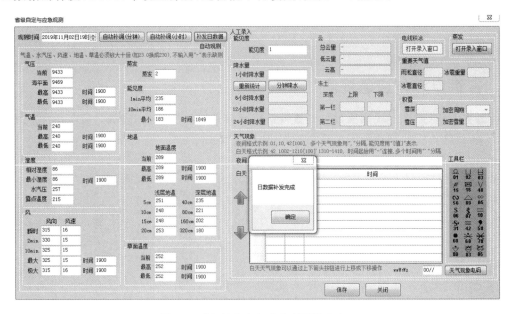

图4.3　"省级自定与应急观测"页面二

观测数据录入："省级自定与应急观测"页面中的自动观测数据可进行修改。本页面的自动观测要素数据(包括小时极值及出现时间)首先从AWZ.db数据库文件中读取，当数据库文件中无数据时从订正文件夹的H_Z文件读取数据，H_Z文件中无数据时从订正文件夹的M_Z文件读取数据。能见度传感器和降水现象仪正式业务运行后，视程障碍现象和降水现象以自动观测结果为准(自动判识结果有疑误时需人工质控)，否则人工观测并录入。

气压、气温、水汽压、露点温度、风速、蒸发、人工观测能见度、地温、草温、降水量、雪深(以cm为单位)、雪压均扩大10倍输入；极值时间用hhmm表示，hh表示小时，mm表示分钟，要素和时间缺测时均用"－"表示。

(1)自动观测数据

1)气压：本站气压、海平面气压、最高本站气压及出现时间、最低本站气压及出现时间。

海平面气压是根据本站气压、当前时次的气温、前12 h的气温计算求得，当海平面气压缺测时，应检查上述三个要素值是否有缺测。

2)气温：气温、最高气温及出现时间、最低气温及出现时间。

3)湿度：相对湿度、最小相对湿度及出现时间、水汽压、露点温度。

当气温或相对湿度修改后,软件自动反查水汽压和露点温度。

4)风:瞬时风向和风速,2 min(10 min)平均风向和风速,最大风速及对应风向和出现时间,瞬时极大风速及对应风向和出现时间。

5)蒸发:小时蒸发量。

6)能见度:1 分钟平均能见度、10 min 平均能见度、最小能见度(小时内 10 min 能见度的最小值)及出现时间;以及正点前 15 min(46－00 分)内的最小 10 min 平均值。

7)地温:地面温度、地面最高温度及出现时间、地面最低温度及出现时间、5~320 cm 地温。

8)草温:草面温度、草面最高温度及出现时间、草面最低温度及出现时间。

9)降水量:过去 1 小时、6 小时、12 小时、24 小时降水量。

1 小时降水量:订正分钟数据文件(M_Z 文件)中分钟雨量的累计值。每个时次均开放输入,当某时次分钟降水有缺测而小时降水量可以用其他值代替时,将相应的分钟降水输入缺测符号"—",人工在"小时降水量"栏中输入代替值。

6 小时降水量:14 时、20 时开放输入,其他时次默认为灰显。当有微量降水或定时降水量以人工记录为准时,在此单元格输入"0"或人工值。

12 小时降水量:08 时开放输入,其他时次默认为灰显。当有微量降水或定时降水量以人工记录为准时,在此单元格输入"0"或人工值。

24 小时降水量:默认为灰显。

6 小时、12 小时、24 小时降水量:默认以 1 小时降水量为基础进行累计。某小时雨量有改动时,需点击"重新统计"和"保存"按钮重新进行统计并入库。

10)云量、云高和天气现象:自动读入云量、云高、天气现象观测数据。

(2)人工观测数据

1)能见度:能见度人工观测的台站、自动能见度设备故障或数据异常时在定时时次输入能见度人工值,以千米(km)为单位,取一位小数扩大 10 倍输入。

2)天气现象:按天气现象出现时间顺序录入。

3)云:在定时观测时次输入目测云量云高,云高以米(m)为单位,取整录入。天空不可辨时,云高录入"—",无云时,不输入云量和云高,保持空白。

4)冻土:以 cm 为单位,以整数输入冻土观测上下限值。

5)雨凇直径:以 mm 为单位,以整数输入雨凇观测值。

6)冰雹直径:以 mm 为单位,以整数输入最大冰雹的最大直径。

7)冰雹重量:以 g 为单位,以整数输入最大冰雹的平均重量。

8)雪深:以 cm 为单位,扩大 10 倍输入雪深观测值。

9)雪压:以 g/cm² 为单位,取 1 位小数,扩大 10 倍输入雪压观测值。

10)电线积冰:在 20 时或电线积冰加密观测时次,点击"电线积冰"栏"打开录入窗口"按钮,弹出电线积冰数据录入窗口,输入电线积冰记录;在"现象符号"栏选择"雨凇""雾凇"或"雨凇雾凇",按规定在南北(东西)向的直径、厚度、重量、气温、风向和风速栏输入相应值;再次点击"电线积冰"栏"打开录入窗口"按钮,关闭电线积冰录入窗口。电线积冰观测时间不固定,以能测得一次过程的最大值为原则。

11)"省级自定与应急观测"页面,将时间调整到 20 时,点击"蒸发"栏"打开录入窗口"按钮,弹出蒸发数据录入窗口;以 mm 为单位,取 1 位小数,扩大 10 倍输入人工观测蒸发记录。

20时录入或修改人工观测蒸发数据,点击"保存"按钮,弹出"保存成功"提示,点击"确定"按钮关闭提示,人工录入的数据保存入库,20时和次日00时地面小时BUFR文件中均编发录入或修改的人工观测蒸发数据;20时之后录入或修改人工观测蒸发数据,点击"保存"按钮,弹出"保存成功"提示,点击"确定"按钮关闭提示,人工录入的数据保存入库,需再次编发20时和次日00时地面小时BUFR文件,才可以上传蒸发更正数据。

电线积冰和蒸发录入窗口如图4.4所示。

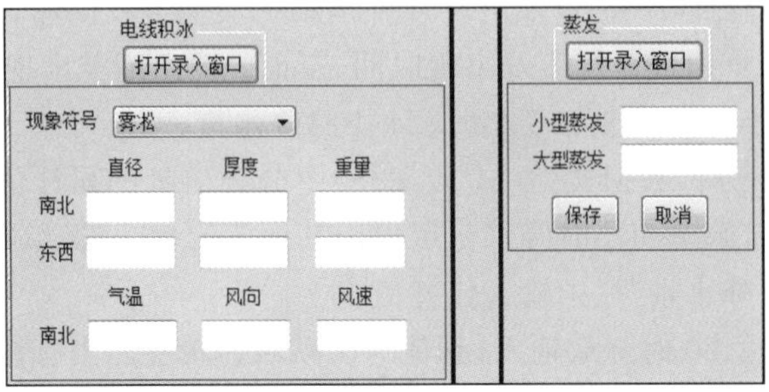

图4.4 "电线积冰"和"蒸发"录入窗口

12)降水量:20—08时出现微量降水,在08时"12小时降水量"栏录入"0";08—14时出现微量降水,在14时"6小时降水量"栏录入"0";14—20时出现微量降水,在20时"6小时降水量"栏录入"0"。

重新统计:当前或过去时次的1小时降水量有改动时,点击"重新统计"按钮,对过去6小时(12小时、24小时)降水量重新统计,并刷新显示,需点击"保存"按钮生成地面小时BUFR文件并入库。

分钟降水:默认显示从订正分钟数据文件(M_Z文件)读取并入库后的分钟降水量数据。若点击"自动补调(小时)"按钮,则从订正分钟数据文件(M_Z文件)重新读取数据入库并显示。当分钟数据需要质控时,点击"分钟降水"按钮,对分钟降水进行修改(输入质控降水量或缺测符号"—"),点击"关闭"按钮,1小时、6小时、12小时、24小时降水量重新统计;当分钟降水量输入缺测符号"—"时,点击"关闭"按钮,1小时、6小时、12小时、24小时降水量全部显示为缺测,如图4.5所示。

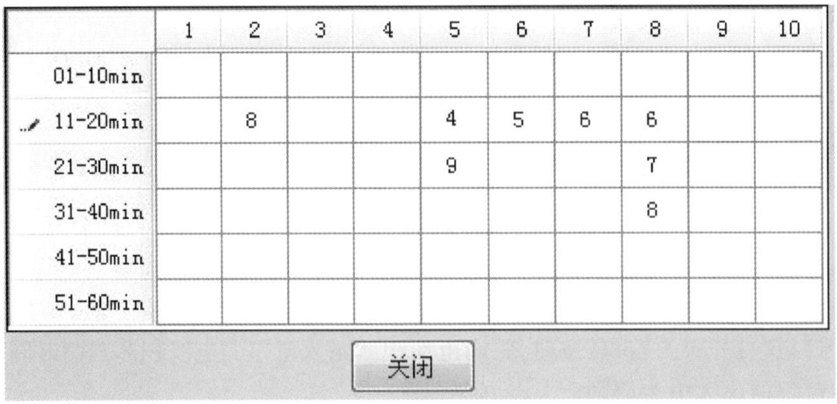

	1	2	3	4	5	6	7	8	9	10
01-10min										
11-20min		8			4	5	6	6		
21-30min					9			7		
31-40min								8		
41-50min										
51-60min										

关闭

图4.5 "分钟降水"录入界面

注:点击左上角的空白单元格,可进行"全选"操作。

天气现象:天气现象录入界面如图4.6所示。

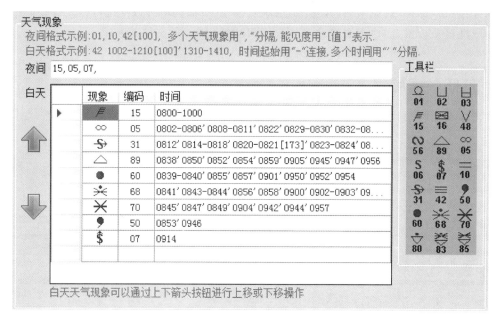

图4.6　"天气现象"录入界面

夜间天气现象:录入20—08时人工观测天气现象,可以点击工具栏相应的天气现象符号,也可以人工输入天气现象编码,有多种现象出现时应按时间先后顺序录入,并用英文半角","分隔。

白天天气现象:录入08—20时人工观测的天气现象,点击工具栏相应的天气现象符号,会自动录入现象符号和编码,在时间栏中人工录入起止时间,两个或以上的时间段之间用半角"'"分隔。白天有多种现象时也应按时间先后顺序录入,选中某天气现象所在行,点击左侧"⬆"或"⬇"按钮可上下调整天气现象顺序。当选中某行时,在该行的首列出现"▶"标识。双击某天气现象或编码所在的行,会删除该行记录。

当雾、霾、浮尘、沙尘暴符合记录最小能见度的标准时,最小能见度记录加"[　]"记在视程障碍现象之后。

所有天气现象录入完成后,点击"天气编码"按钮对天气现象自动编码,当自动编码有误时需人工订正。

(3)应急加密观测

"应急加密观测"项目包括:云、能见度、天气现象、雪深、降水量、电线积冰和冻土等观测要素,特殊需要时可临时增加其他观测要素。应急加密观测频次一般为每三小时一次,遇特殊情况时,也可每小时加密一次。

需要进行应急观测时,在"参数设置"→"自定项目参数"→"选项设置"标签页"应急加密观测"中,先勾选"开启加密"和需要加密的"加密项目"并保存。应急加密观测时次,点击"自定观测项目"→"省级自定与应急观测",打开"省级自定与应急观测"页面,根据加密指令选定"加密周期",加密项开放录入窗口,按要求录入或修改相关数据后保存。

加密雪量:加密周期之内的降水量,以 mm 为单位,取1位小数,扩大10倍输入(自动观测时选定"加密周期"后自动统计加密降水量)。

保存:点击"保存"按钮,软件先对"正点观测编报"页面的所有数据进行格式、内部一致性、时间一致性等质控检查,检查通过后,生成当前时次的 BUFR 文件并入库。

4.2 日照数据编报

点击主菜单栏"自定观测项目"→"日照数据编报",打开"日照数据编报"页面,如图 4.7 所示。

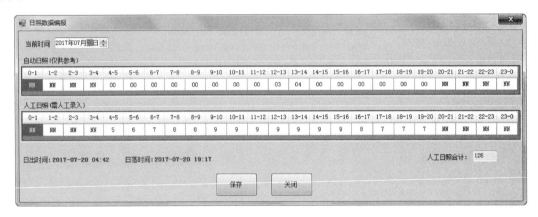

图 4.7 "日照数据"编报

自动日照:自动观测时,自动读取显示小时日照时数。

人工日照:人工观测时,每日 20 时后开放当日的日照数据录入,在日出日落时段内录入小时日照时数,日出之前、日照之后的小时日照显示为"NN"。"人工日照合计"栏显示日照合计值。调整"当前时间"栏日期,可以查看之前的日照记录。

日出(落)时间:20 时后,软件根据台站经度自动计算显示,精确到分钟。

保存:20:00—23:45 输入人工观测日照时数,并点击"保存"按钮,日照数据自动入库同时生成当日的日照数据文件。调整"当前时间"中的日期,修改日照数据,点击"保存"按钮生成该日的日照数据(更正)文件。

关闭:点击"关闭"按钮,退出"日照数据编报"窗口。

4.3 辐射

辐射二级目录下有"辐射 R 文件""辐射小时数据"和"辐射日数据"等 3 个三级目录。

4.3.1 辐射 R 文件

点击主菜单栏"自定观测项目"→"辐射"→"辐射 R 文件",打开"辐射月报(R 文件)"页面,如图 4.8 所示。

(1)R 文件加载

在"辐射月报(R 文件)"页面点击相应的按钮即可对 R 文件进行操作,如图 4.9 所示。

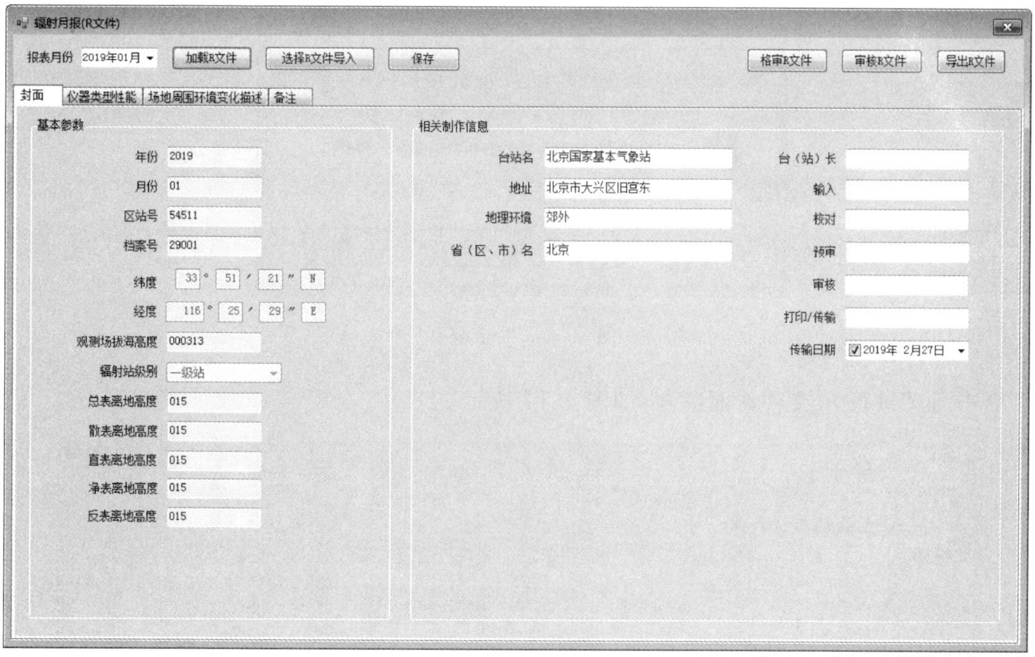

图 4.8 "辐射月报(R 文件)"页面一

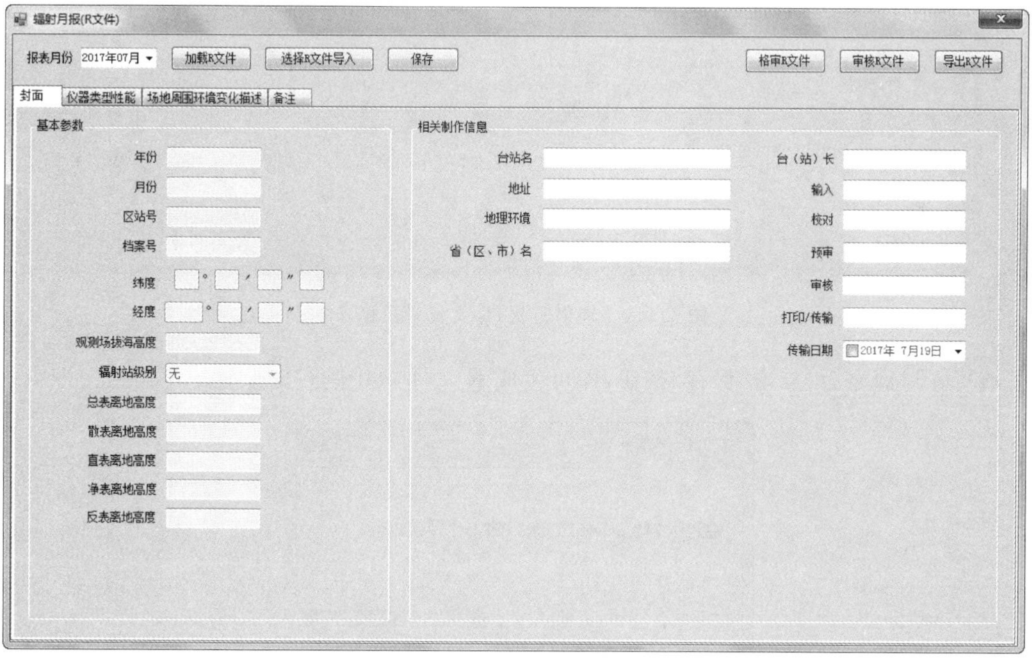

图 4.9 "辐射月报(R 文件)"页面二

1)加载生成 R 文件

生成 R 文件:首次生成 R 文件时,基本参数从数据库中自动读入;加载或导入已有 R 文件时,基本参数直接从 R 文件中读入。如果该月没有生成过 R 文件,点击"加载 R 文件",将会弹出提示框,如图 4.10 所示。

图 4.10　提示框一

点击"是"进行 R 文件封面编写,如图 4.11 所示。

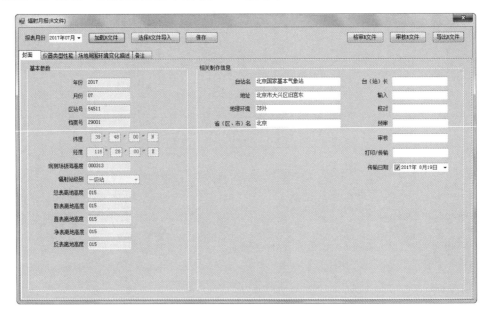

图 4.11　"辐射月报(R 文件)"页面三

填写好封面之后,点击"保存"按钮,即可生成 R 文件,如图 4.12 所示。

图 4.12　提示框二

2)加载 R 文件

如该月已生成过 R 文件,点击"加载 R 文件",可以进行 R 文件加载,如图 4.13 所示。

图 4.13　提示框三

点击"是",系统将重新获取数据,生成 R 文件,并覆盖原来生成的 R 文件;点击"否",系统将直接加载已生成的 R 文件。

3)选择 R 文件导入

点击"选择 R 文件导入"按钮,可以选择导入其他目录的 R 文件,也可以将其他台站的 R 文件进行导入,并且进行格审、审核(注意:必须要有其他台站的辐射审核规则库才能对其他台站的 R 文件进行审核),添加、导入其他台站的辐射审核规则库方法参照"2.6 自定项目参数"章节。

点击"选择 R 文件导入",选择要导入的文件,点击"打开"按钮,即可导入 R 件,如图 4.14所示。

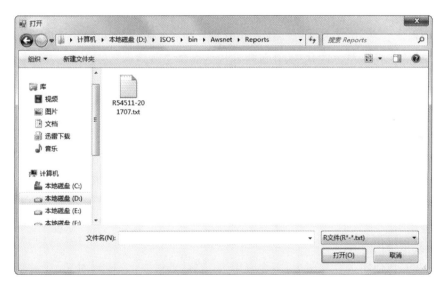

图 4.14　"打开"界面

(2)封面封底录入

1)封面

包括台站参数和报表制作信息等内容。基本参数中"年份""月份""区站号""经度""纬度""辐射站级别"不能修改;高度值保留一位小数,扩大 10 倍输入。"相关制作信息"中的"台站名""台站地址""地理环境""省(区、市)名"自动读取(可人工修改),辐射月报表制作人员信息和传输日期人工输入,如图 4.15 所示。

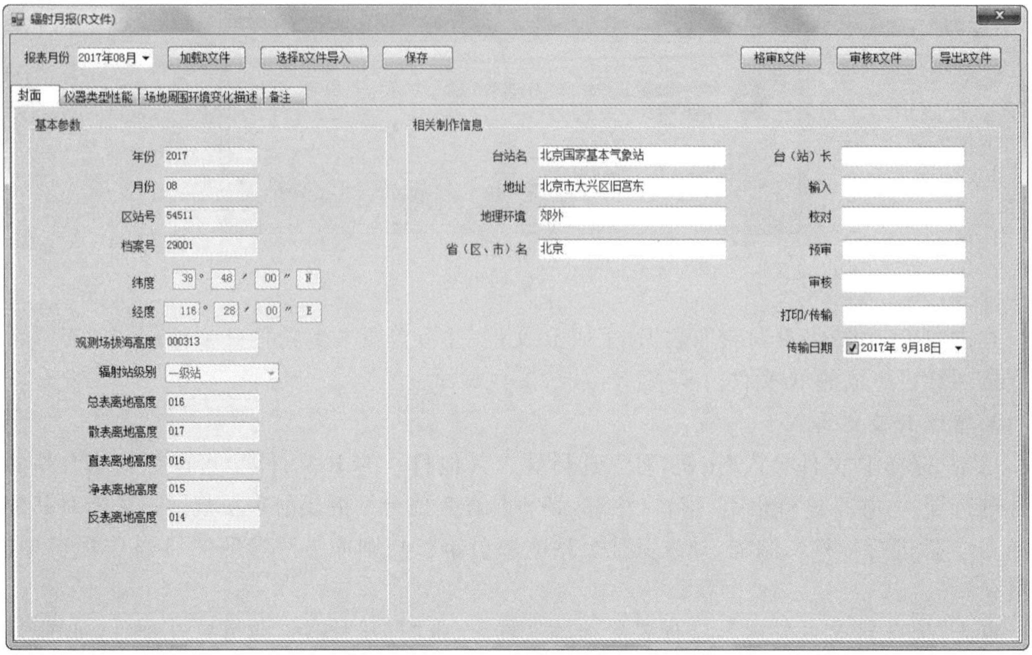

图 4.15 "辐射月报（R 文件）"页面四

注：封面封底信息，除字符"/"外，其他任何字符均可输入并存盘。数据输入中，程序仅考虑了对单个记录的格式错误检查，没有对相关记录进行矛盾检查。

2）要素数据

辐射数据的交互窗口有"总辐射""净全辐射""散射辐射""直接辐射"和"反射辐射"5 个标签页，参照一级辐射站《气象辐射记录月报表（气表-33）》的格式给出，日出至日落时间之外单元格灰显，不能输入数据。曝辐量值保留 2 位小数，扩大 100 倍输入；辐照度的最大值和最小值按实际值输入，极值出现时间输入 4 位，前 2 位为时，后 2 位为分，高位不足补"0"；反射比、大气浑浊度均保留 2 位小数，扩大 100 倍输入，没有观测任务的项不必输入。点击"总辐射""净全辐射""散射辐射""直接辐射""反射辐射"或"作用层状态及场地环境变化"标签页实现页面切换。

3）仪器类型性能

主要记载月内使用的总辐射表、净全辐射表、散射辐射表、直接辐射表、反射辐射表、记录器等仪器性能信息。各辐射仪器包括"仪器名称""型号""号码""灵敏度""响应时间""电阻""检定日期"和"启用日期"，如图 4.16 所示。

净全辐射表灵敏度 K 值包括白天 K 值和夜间 K 值两组。输入时，白天 K 值在前，夜间 K 值在后，中间用"；"分隔。记录器没有灵敏度、响应时间和电阻等内容，可不输入。删除某仪器记录项时，只需在仪器名称的下拉列表输入框选择"无选择"即可。

4）备注

主要记载每日需备注说明的事项。包括：因仪器故障或人为原因造成影响辐射记录质量的情况，造成缺测、无记录等；较大的技术措施，如更换记录仪、薄膜罩、改用业务程序等；不正常记录处理情况，如经审核后确定了有疑问或错误记录的取舍情况，应说明取者（项目、数据）

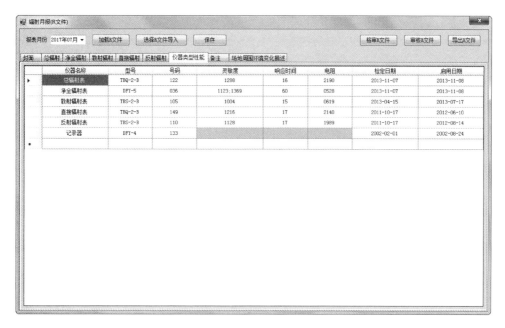

图 4.16　"辐射月报（R）文件"页面五

已按正式记录录入,舍者(项目、数据)已按缺测处理;辐射表仪器加盖情况,台站名称、区站号、级别、地址、位置变动;台站其他需要说明的事项。备注内容按日输入,某日没有需要记载的内容时则不必输入,如图 4.17 所示。

图 4.17　"辐射月报（R）文件"页面六

5）场地周围环境变化描述

逐日作用层及作用层状态信息自动从数据库中自动读取。场地周围环境变化描述及需要上报的其他有关事项等内容,如图 4.18 所示。

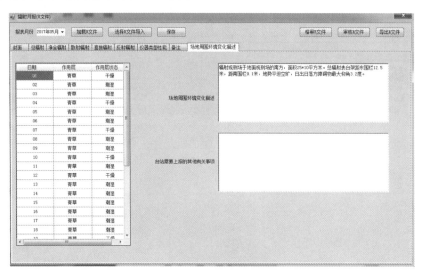

图 4.18 "辐射月报(R)文件"页面七

每年 1 月用文字描述场地周围环境,其他月份场地周围环境未发生变化可不录入。当站址迁移或有新的影响辐射观测障碍物出现,场地周围环境发生较大变化时,当月应重新绘制场地周围环境遮蔽图和更新文字描述。

(3)R 文件格审

点击"格审 R 文件"按钮,打开格审界面,如图 4.19 所示。

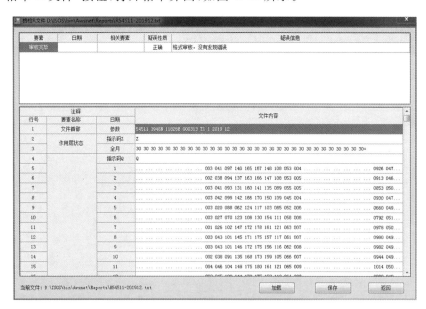

图 4.19 "格审 R 文件"界面

点击"加载"按钮,加载需要格审的辐射月数据文件进行格审。

(4)R 文件审核

点击"审核 R 文件"按钮，对 R 文件进行审核，如图 4.20 所示。

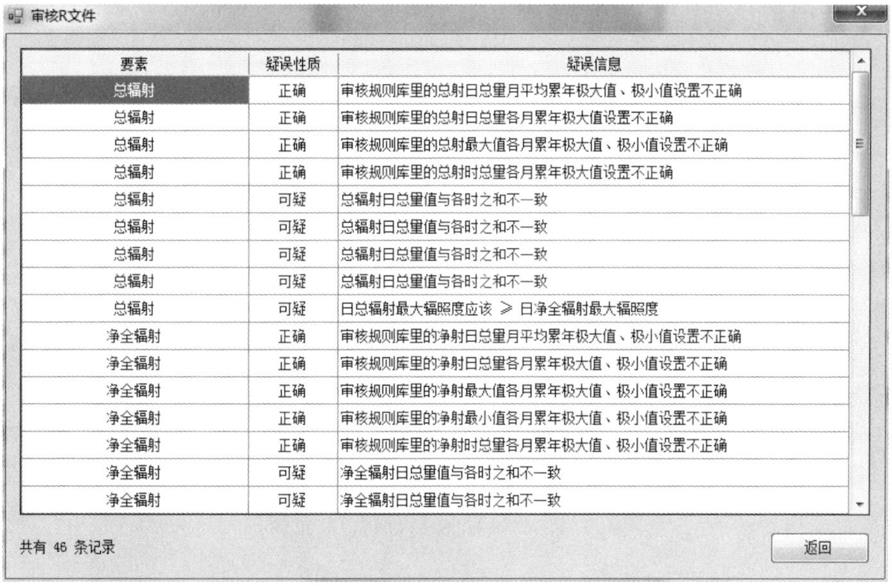

审核R文件

要素	疑误性质	疑误信息
总辐射	正确	审核规则库里的总射日总量月平均累年极大值、极小值设置不正确
总辐射	正确	审核规则库里的总射日总量各月累年极大值设置不正确
总辐射	正确	审核规则库里的总射最大值各月累年极大值、极小值设置不正确
总辐射	正确	审核规则库里的总射时总量各月累年极大值设置不正确
总辐射	可疑	总辐射日总量值与各时之和不一致
总辐射	可疑	总辐射日总量值与各时之和不一致
总辐射	可疑	总辐射日总量值与各时之和不一致
总辐射	可疑	总辐射日总量值与各时之和不一致
总辐射	可疑	日总辐射最大辐照度应该 ≥ 日净全辐射最大辐照度
净全辐射	正确	审核规则库里的净射日总量月平均累年极大值、极小值设置不正确
净全辐射	正确	审核规则库里的净射日总量各月累年极大值、极小值设置不正确
净全辐射	正确	审核规则库里的净射最大值各月累年极大值、极小值设置不正确
净全辐射	正确	审核规则库里的净射最小值各月累年极大值、极小值设置不正确
净全辐射	正确	审核规则库里的净射时总量各月累年极大值、极小值设置不正确
净全辐射	可疑	净全辐射日总量值与各时之和不一致
净全辐射	可疑	净全辐射日总量值与各时之和不一致

共有 46 条记录　　返回

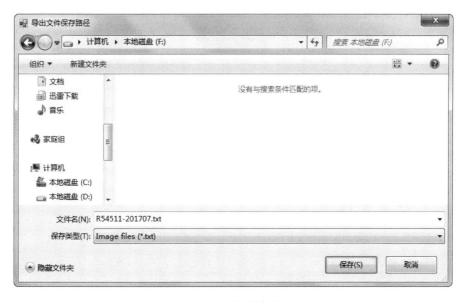

图 4.20 "审核 R 文件"界面

(5)R 文件导出

点击"导出 R 文件"按钮，将 R 文件导出到其他目录进行保存，如图 4.21 所示。

图 4.21 "导出文件保存路径"界面

选择保存路径，点击"保存"按钮，即可导出 R 文件。

4.3.2 辐射小时数据

点击主菜单栏"自定观测项目"→"辐射"→"辐射小时数据",弹出"辐射小时数据处理"页面,如图 4.22 所示。

图 4.22 "辐射小时数据处理"页面

地方平均太阳时:默认显示当前地方平均太阳时正点。

地平时正点对应北京时:显示当前地方平均太阳时正点对应的北京时间,随"地方平均太阳时"的调整而更新。

重新读取:点击"重新读取"按钮,从辐射订正小时数据文件中读取各辐射要素值、要素极值及出现时间、时日照时数计算值。

拍发更正:修改页面数据后,点击"拍发更正"按钮,生成辐射小时数据更正报并入库。

关闭:点击"关闭"按钮,退出"辐射小时数据处理"窗口。

4.3.3 辐射日数据

点击主菜单栏"自定观测项目"→"辐射"→"辐射日数据",弹出"辐射日数据"页面,如图 4.23 所示。

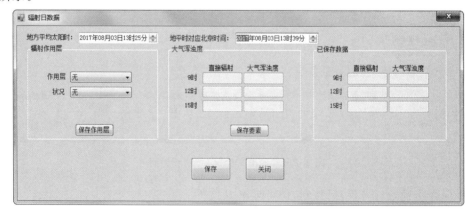

图 4.23 "辐射日数据"页面

地方平均太阳时:打开"辐射日数据"窗口,默认显示当前地方平均太阳时。

地平时对应北京时间:默认显示当前系统时间。调整时间时,"地方平均太阳时"与"地平时对应北京时间"栏互相关联。

辐射作用层:

1)作用层:在下列列表中选择输入,可选项包括:无、青草、枯(黄)草、裸露黏土、裸露沙土、裸露硬(石子)土、裸露黄(红)土,如图 4.24 所示。

图 4.24　"辐射作用层"界面

2)状况:在下列列表中选择输入,可选项包括:无、潮湿、积水、泛碱(盐碱)、新雪、陈雪、融化雪、结冰。

保存作用层:点击"保存作用层"按钮,弹出"作用层成功保存"提示框,作用层数据保存入库并退出。

大气浑浊度:09 时、12 时、15 时前后半个小时内符合大气浑浊度观测条件时,根据直接辐射和气压数据自动计算出大气浑浊度。

保存要素:点击"保存要素"按钮,弹出"浑浊度成功保存"提示框,保存入库并退出。

保存:点击"保存"按钮,弹出"成功保存"提示框,作用层状态和大气浑浊度值入库并退出。

4.4　酸雨

酸雨二级目录下有酸雨日记录簿、酸雨日记录转 S 文件、酸雨环境报告书 3 个三级目录。

4.4.1　酸雨日记录簿

(1)日记录簿的填写

酸雨日记录簿是用于记录当日采样桶的安放和收取时间、降水起止时间段、pH 值和 K 值的测量记录、缓冲溶液资料、风向风速、天气现象、备注以及其他资料,保存后生成酸雨观测日数据文件,并能实现无雨或漏采样时数据文件的上传,以及日记录簿的打印。

"台站参数"→"自定项目参数"中未设置"酸雨参数",进入"酸雨日记录簿"时,依次弹出"酸雨站内复测 pH 极值尚未输入""酸雨站外复测 pH 极值尚未输入""酸雨站内复测 K 极值尚未输入"和"酸雨站外复测 K 极值尚未输入"提示窗口,如图 4.25 所示。

点击主菜单栏"自定观测项目"→"酸雨"→"酸雨日记录簿",弹出交互窗口,如图 4.26 所示。

图 4.25 "酸雨站外复测"提示窗口

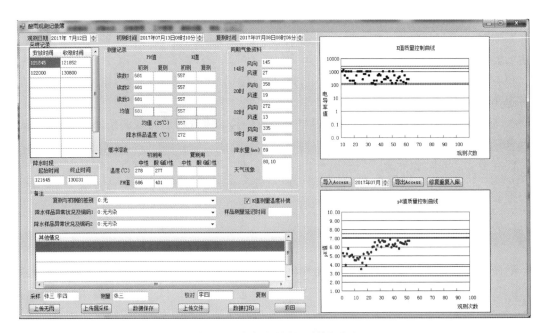

图 4.26 "酸雨观测记录簿"页面

　　"观测日期""初测时间"和"复测时间"会根据当前计算机系统时间自动读取,其中"观测日期"是以 08 时为日界显示前一天的日期,"初测时间"和"复测时间"为打开日记录簿时的计算机系统时间,可根据当时测量时间进行修改。若数据库中有历史观测数据,修改观测日期后会自动读取。

　　采样记录的酸雨采样桶"安放时间"和降水时段的"起始时间",采样记录的酸雨采样桶"收取时间"和降水时段的"终止时间"默认显示为当日 08:00,应按照业务规定并根据实际情况修改。上述时间的格式均为"DDHHmm",长度 6 位,日、时、分的位长不够时,高位补"0"。14

时、20 时、02 时、08 时的 10 min 风向风速、降水量、天气现象等同期气象资料会从数据库中自动读取。天气现象也可以手工输入，也可以点击天气现象代码小键盘上相应的天气符号输入，如图 4.27 所示。

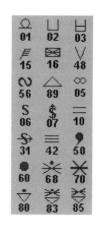

图 4.27　天气符号

注意：采样记录安放、收取时间会自动根据天气现象起止时间和夜间酸雨桶安放收取时间自动提取，天气现象会根据观测记录自动提取，但要注意人工校对。

pH 值、K 值、温度值均省略小数点，扩大相应倍数，以整数录入。

根据电导率仪配置性能，勾选或不勾选"K 值测量温度补偿"，当电导率仪自带温度补偿功能的，须勾选"K 值测量温度补偿"。

备注中的"复测与初测的差别""降水样品异常状况及编码 1"和"降水样品异常状况及编码 2"在下拉列表中选择，"其他情况"逐条录入，可以录入任意字符。

"采样输入"单元格可以输入多个采样人员的姓名，测量、校对、复测只能输入一个人员姓名。

导入 Access：点击"导入 Access"按钮，把 OSMAR 酸雨软件中最近 3 年（不含本年）的 AR 历史数据导入（导入时，浏览到 BaseData 文件夹，Ctrl＋A 全选，点击"打开"），文件较多时，可能会花费几分钟时间，导入完毕后点击"酸雨参数"页面的"年末计算"按钮，会自动计算最近 3 年（不含本年）的酸雨 pH 极值、K 极值以及降水次数。另外，该功能还可以将利用"导出 Access"导出的逐月酸雨记录入库。

导出 Access：点击"导出 Access"按钮可将酸雨观测记录逐月导出。

修复重复入库：点击"修复重复入库"按钮，对酸雨数据库进行修复，清除重复入库的数据。

质量控制曲线：日记录簿右侧显示 pH 值、K 值的质量控制曲线。质量控制图的相关内容详见《酸雨观测业务规范》附录 8。

上传无雨：当某酸雨采样日无降水或者微量降水（降水量小于 0.1 mm）时，点击"上传无雨"按钮，在弹出窗口中可以预览形成的报文，点击"确定"形成日酸雨数据文件并上传，点击"取消"则不形成上传数据文件。

上传漏采样：当酸雨采样日有降水但漏采样时，点击"上传漏采样"按钮，在弹出窗口中可以预览形成的报文，点击"确定"形成日酸雨数据文件并上传，点击"取消"则不形成上传数据文件。

数据保存：有酸雨观测记录时，点击"数据保存"按钮会弹出"正在存储历史酸雨观测日数据资料"的提示窗口，点击"是"后才会将日数据资料入库。如果采样记录安放和收取时间为空，点击"数据保存"时会提示"安放时间与收取时间为空，是否发送特殊报文"，如果选择是，则按无降水处理，形成无降水时的日酸雨数据文件，如图 4.28 所示。

上传文件：数据保存后，点击"上传文件"按钮会弹出"正在存储历史酸雨观测日数据资料"的提示窗口，点击"是"后在弹出窗口中可以预览形成的报文，点击"确定"形成日酸雨数据文件并上传，点击"取消"则不会形成数据文件。

数据打印：点击"数据打印"按钮，在"...＼bin＼Awsnet＼AR＼YYYYMM"目录下形成以 YYYYMMDD.jpg 格式命名的图片，浏览图片并打印即可。

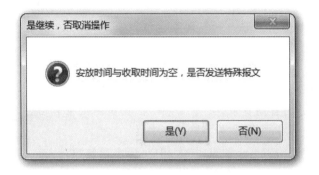

图 4.28　提示窗口一

返回:点击"返回"按钮会关闭日记录簿输入窗口,如有未保存的数据,弹窗提示,如图4.29 所示。

图 4.29　提示窗口二

(2)日酸雨上传数据文件

日酸雨上传数据文件格式详见《酸雨观测业务规范》附录 10。

4.4.2　酸雨日记录转 S 文件

"酸雨日记录转 S 文件"是对酸雨日记录簿中形成的全月完整数据进行转换,形成酸雨观测资料数据文件(简称 S 文件)。点击主菜单栏"自定观测项目"→"酸雨"→"酸雨日记录转 S 文件",打开"酸雨日记录转 S 文件"界面,如图 4.30 所示。

逐日酸雨记录、台站参数、月统计值、现用仪器和备注等内容包含了转换 S 文件所需的全部数据。在"选择月库"中选定年、月后,自动从数据库中检索并读取该月数据,写入"逐日酸雨记录"和"备注"表格中,数据读取完毕后自动进行月统计,统计值写入"月统计值"表格。

"台站参数"和"现用仪器"从参数文件中自动读取,读取不到的参数如"站(台)长""输入""校对""预审""审核""传输"和"传输日期"等需人工输入。

转换为 S 文件:点击"转换为 S 文件"按钮可以生成酸雨月报(S 文件),文件名格式 Z_CAWN_I_IIiii_YYYYMMDDHHmmss_O_AR_MON. TXT,存放目录"…\bin\Awsnet\AR\YYYYMM\"。

上传 S 文件:如果在"自定项目参数"中设置好了"酸雨月报"的传输参数,点击"上传 S 文

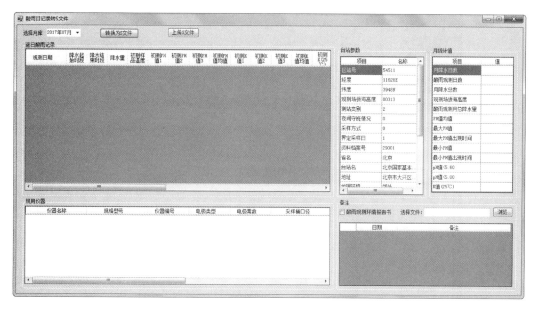

图 4.30 "酸雨日记录转 S 文件"界面

件",可将 S 文件上传至 FTP 服务器。

需要注意的是每年转换生成 1 月的 S 文件时,注意勾选"酸雨观测环境报告书"复选框,并浏览选择该年 1 月份制作的后缀".env"文件,如图 4.31 所示。

图 4.31 "酸雨观测环境报告书"复选框

酸雨月报数据文件涵盖了月酸雨观测记录簿中所记录的全部内容,详见《酸雨业务规范》附录 11。

4.4.3 酸雨环境报告书

点击主菜单栏"自定观测项目"→"酸雨"→"酸雨环境报告书",弹出如下窗口。站名、区站号、经纬度、拔海高度等参数信息会从"台站参数"中自动读取。

调整右侧的"A 文件终止年份"并选择 A 文件路径,A 文件列表中会自动显示出本站最近 3 年的 A 文件(例如 A 文件终止年份选择 2016 年,则会显示 2013 年 12 月至 2016 年 11 月的 A 文件列表,故需保持 A 文件的完整性和有效性),如图 4.32 所示。

点击"加载雨量、风数据"按钮,程序会自动统计降水量和风记录。

点击"导入环境示意图",程序会将 jpg 格式的台站环境示意图加载至"采样点周围 50 m 环境示意图"窗口中。

人工输入观测场土壤类型及 pH 值、周围土地利用情况、污染源调查、备注以及填写、审核、站长等信息,点击"另存为 PDF"按钮,即可生成本站 PDF 格式的酸雨环境报告书。

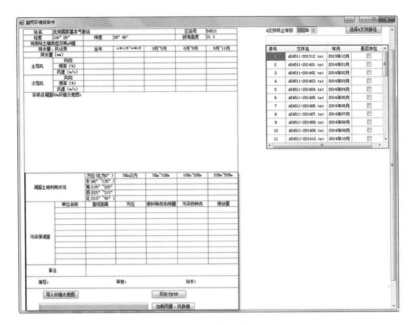

图4.32 "酸雨环境报告书"页面

酸雨环境报告书填报要求详见《酸雨观测业务规范》附录4。

4.5 重要天气报

点击主菜单栏"自定观测项目"→"重要天气报",打开"重要天气报"页面,如图4.33所示。

重要天气报编发项目包括大风、龙卷、冰雹、雷暴和视程障碍现象(霾、浮尘、沙尘暴、雾),只有大风可以按"省级标准"编发重要天气报。

龙(尘)卷:"类型"和"方位"默认为"无",通过下拉列表选择"类型"后"方位"开放选择。每次出现龙卷均需编报。

视程障碍:在"参数设置"→"自定项目参数"→"选项设置"中勾选"自动编发"复选框,软件根据视程障碍现象判识结果和10 min滑动平均能见度,按照自动编发标准,实现视程障碍现象重要天气报自动编发。

自动判识结果错误或按规定人工编发视程障碍现象重要天气报的台站,不勾选重"选项设置"界面中"自动编发"选项,按人工标准编发。视程障碍现象从下拉列表中选择,能见度值人工输入。

冰雹:以mm为单位,以整数输入。08时、14时、20时定时观测前半小时内(31-00分)冰雹直径单元格灰显,冰雹直径合并在地面小时BUFR文件中编发。

雷暴:勾选"雷暴编组(94917)"选项,编发雷暴重要天气报。

大风:瞬时风速达到或超过设定的国家级或省级标准时,自动编发。

2 min风速缺测,需要人工编发大风重要天气报时,取消大风"自动编发"选项,风速数据以m/s为单位,保留一位小数,扩大10倍输入;风向在下拉列表中按16方位选择。

省定补充段:在"参数设置"→"自定项目参数"→"选项设置"中勾选"省定编码段",根据省

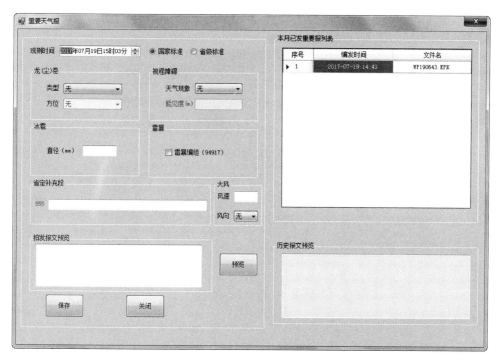

图 4.33　"重要天气预报"页面

级业务规定,人工输入 555 数据段。

预览:输入要编发的重要天气现象数据后,点击"预览"按钮,在"拍发报文预览"框内查看将要编发的重要天气报报文,不生成重要天气报。

保存:点击"保存"按钮,弹出"提交后会自动编发,是否继续保存?"的提示框,选择"是"则生成重要天气报文件,保存在"...\bin\Awsnet\YYYYMM\"文件夹中,并在"本月已发重要报列表"框内列出。文件名格式 WPYYMMDD. CCC,WP 为重要报的标识符;YYMMDD 为年月日,按照重要天气报的观测时间(世界时)生成;CCC 默认为台站字母代码的后三位字母。

本月已发重要报列表:本月已发重要天气报按时间先后顺序显示在列表中。其中,"编发时间"为打开"重要天气报"编发窗口时的时间。

历史报文预览:单击"本月已发重要报列表"中某份重要天气报"编发时间"或"文件名"单元格,"历史报文预览"框显示报文内容。

关闭:点击"关闭"按钮,退出"重要天气报"编发窗口。

第 5 章

查询与处理

主菜单栏"查询与处理"项菜单,包括"数据查询""状态查询""日志查询""数据下载""数据备份"5项内容。

5.1 数据查询

数据查询二级目录下有"分钟要素查询""小时数据查询""数据导出""综合查询""雨滴谱数据查询"和"日统计查询"6项三级目录,如图5.1所示。

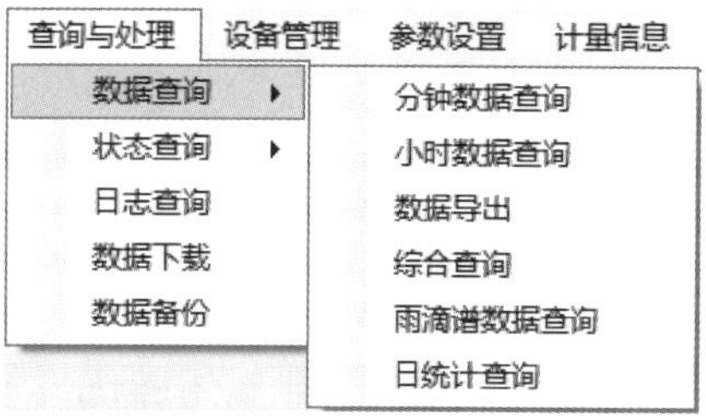

查询与处理	设备管理	参数设置	计量信息
数据查询 ▶		分钟数据查询	
状态查询 ▶		小时数据查询	
日志查询		数据导出	
数据下载		综合查询	
数据备份		雨滴谱数据查询	
		日统计查询	

图5.1 "数据查询"菜单

5.1.1 分钟要素查询

点击主菜单栏"数据查询"→"分钟要素查询",弹出"分钟要素查询"页面,在"数据"下拉菜单中选择要查询的数据表,可查询数据表包括:常规要素、云、能见度、天气现象、辐射、日照、基准辐射的每日逐分钟(设备\质控\订正\状态)数据表,天气现象综合判断每日逐分钟数据表,雨滴谱仪器原始矩阵要素数据表及地面综合观测主机状态每日逐分钟数据表。选择要查询的数据表、要素,调整日期,选择排列方式,点击"查看",完成相关信息查询。时间选择要求结束时间必须晚于开始时间(系统默认当前计算机日期),当查询天数大于1天时,可以点击"前一天"或"后一天",查询相关日期的信息,如图5.2所示。

图5.2 "分钟要素查询"页面

"排列方式"包括"横排""竖排"和"竖排忽略缺测"3个选项,默认为"横排"。多种排列方式使业务人员浏览数据更方便,"横排"一般用于不同时次同分钟数据比较,"竖排"一般用于显示数据变化,"竖排忽略缺测"一般用于缺测数据较多时只显示有效数据。

5.1.2　小时数据查询

点击主菜单栏"数据查询"→"小时数据查询",弹出"小时要素查询"页面,在"数据"下拉菜单中选择要查询的数据表,可查询数据表包括:常规要素全月逐日每小时数据表、常规要素全月逐日每小时质控数据表、常规要素全月逐日每小时订正数据表、基准辐射要素全月逐日每小时订正数据表、正点基准辐射数据表,选择要查询的数据表,调整月份,点击"查看",完成相关信息查询,如图5.3所示。

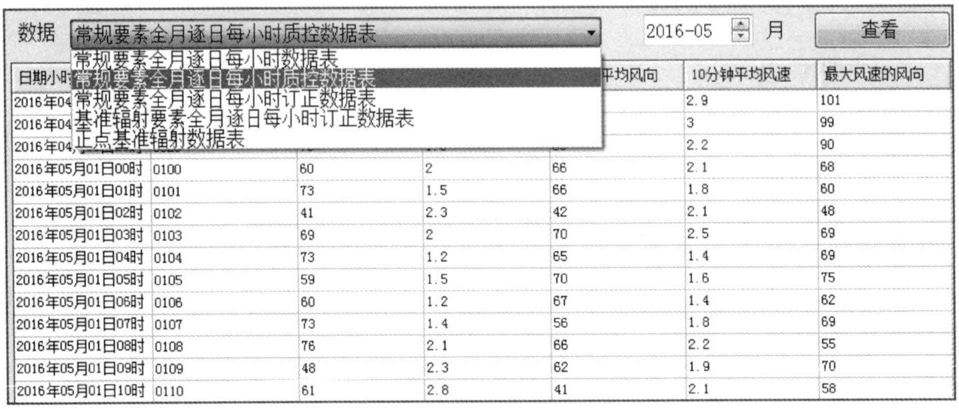

数据	常规要素全月逐日每小时质控数据表 ▼				2016-05 ÷ 月	查看
	常规要素全月逐日每小时数据表			平均风向	10分钟平均风速	最大风速的风向
	常规要素全月逐日每小时质控数据表				2.9	101
2016年04	常规要素全月逐日每小时订正数据表				3	99
2016年04	基准辐射要素全月逐日每小时订正数据表				2.2	90
2016年04	正点基准辐射数据表					
2016年05月01日00时	0100	60	2	66	2.1	68
2016年05月01日01时	0101	73	1.5	66	1.8	60
2016年05月01日02时	0102	41	2.3	42	2.1	48
2016年05月01日03时	0103	69	2	70	2.5	69
2016年05月01日04时	0104	73	1.2	65	1.4	69
2016年05月01日05时	0105	59	1.5	70	1.6	75
2016年05月01日06时	0106	60	1.2	67	1.4	62
2016年05月01日07时	0107	73	1.4	56	1.8	69
2016年05月01日08时	0108	76	2.1	66	2.2	55
2016年05月01日09时	0109	48	2.3	62	1.9	70
2016年05月01日10时	0110	61	2.8	41	2.1	58

图5.3　"小时要素查询"页面

5.1.3　数据导出

点击主菜单栏"数据查询"→"数据导出",弹出"数据导出"页面,可导出数据表包括:常规要素每日逐分钟(设备\质控\订正)数据表,常规要素全月逐日每小时(设备\质控\订正)表,云、能见度、天气现象、辐射、日照、基准辐射等设备每日逐分钟(设备\质控\订正)数据表,基准辐射要素全月逐日每小时订正数据表,分钟基准辐射数据表,正点基准辐射数据表,天气现象综合判断每日逐分钟数据表,雨滴谱仪器原始矩阵要素数据表,各设备状态每日逐分钟数据表,地面综合观测主机状态每日逐分钟数据表,选择需要导出的数据表,勾选要素列表框中需要导出的要素,调整要导出数据的时间(系统默认当前计算机时间前1小时),点击"开始导出",弹出"另存为"对话框,选择导出文件的存放路径,输入文件名后,点击"保存(S)",将数据保存为Excel支持的.CSV格式文件,数据导出完成,如图5.4所示。

5.1.4　综合查询

点击主菜单栏"数据查询"→"综合查询",弹出"综合查询"页面,如图5.5所示。

可查询的数据表与"数据导出"相同。可跨表选取查询要素;左键双击"要素"列表框中的具体要素,或选中具体要素后单击"≫",将需要查询的要素选至右侧列表框中;对右侧列表框选中的要素可通过单击"上移""下移"进行排序,也可单击"≪"进行删除,或用左键双击某要素进行删除。勾选"开启筛选",在"要素"下拉菜单中选择需要筛选的要素,在"公式"下拉菜单中选择筛选的条件(有"等于""大于等于""小于等于"和"不等于"4种),按原值输入阈值,调整需要查询的时间范围,时间设置要求结束时间必须晚于开始时间(系统默认当前计算机时间的前

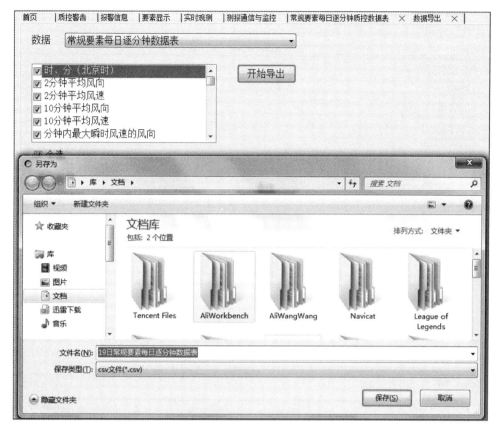

图 5.4　"数据导出"页面

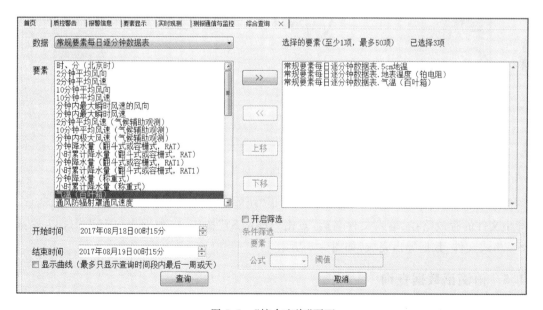

图 5.5　"综合查询"页面

一日),点击"查询"按钮,完成相关条件筛选查询,如图 5.6 所示。

时间	【常规要素每日逐分钟质控数据表. 气温（百叶箱）】
2017年08月03日15时26分	3.2
2017年08月03日15时27分	3.1
2017年08月03日15时28分	2.5
2017年08月03日15时29分	3.2
2017年08月03日15时30分	2.8
2017年08月03日15时31分	2.3
2017年08月03日15时32分	2.9
2017年08月03日15时33分	2.7
2017年08月03日15时34分	2.6
2017年08月03日15时35分	2.1
2017年08月03日15时36分	2.1
2017年08月03日15时37分	1.5
2017年08月03日15时38分	1.5
2017年08月03日15时39分	1.9
2017年08月03日15时40分	2.1
2017年08月03日15时41分	1.8
2017年08月03日15时42分	1.7
2017年08月03日15时43分	2
2017年08月03日15时44分	1.4
2017年08月03日15时45分	1
2017年08月03日15时46分	1.2
2017年08月03日15时47分	1.5
2017年08月03日15时48分	0.9
2017年08月03日15时49分	0.2
2017年08月03日15时50分	0
2017年08月03日15时51分	-0.5
2017年08月03日15时52分	-1
2017年08月03日15时53分	-0.4
2017年08月03日15时54分	0
2017年08月03日15时55分	0.5

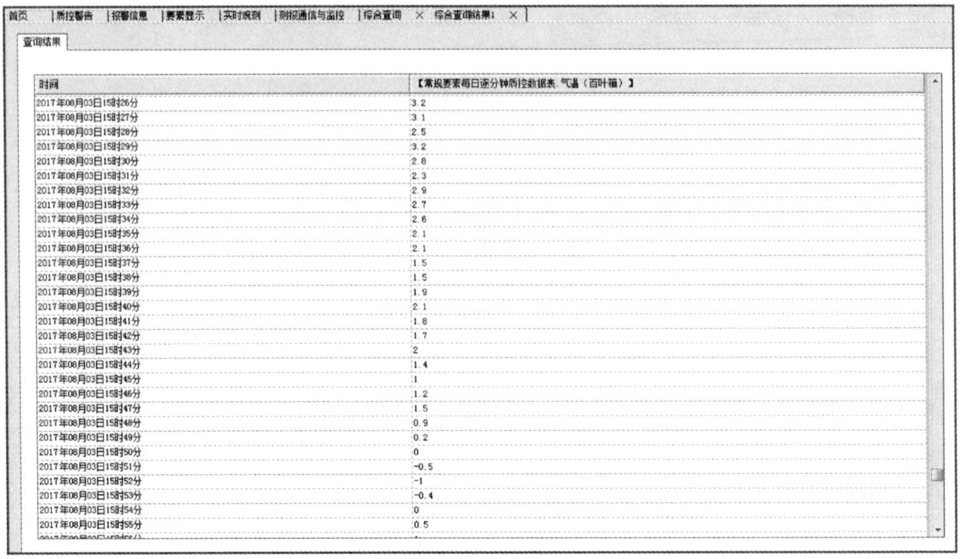

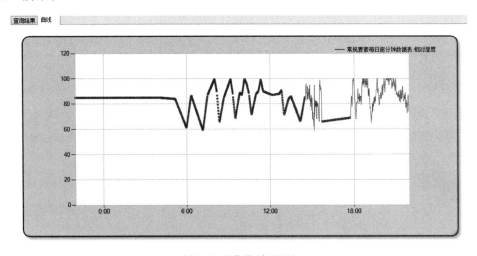

图 5.6　查询结果

勾选了“显示曲线”，点击可在查询界面“曲线”标签页，显示所选要素随时间变化曲线图，如图 5.7 所示。

图 5.7　“曲线”标签页

通过“综合查询结果”窗口的“导出查询结果”功能实现结果导出，弹出“另存为”对话框，选择导出文件的存放路径、输入文件名后，点击“保存(S)”按钮，将数据表保存为 Excel 支持的.CSV 格式文件，数据导出完成，如图 5.8 所示。

5.1.5　雨滴谱数据查询

点击主菜单栏“数据查询”→“雨滴谱数据查询”，弹出“谱图数据显示”页面，可显示雨滴谱原始谱图。通过调整时间(系统默认当前计算机时间)，可查询不同时间的雨滴谱图，通过单选框，可对 1 分钟、5 分钟、10 分钟 3 种时长的雨滴谱图进行查看。将光标置于雨滴谱图中，按住

图 5.8　保存查询结果

鼠标左键,进行上下或左右拖动,可分别对"速率"或"直径"进行显示比例调整(向上"速率"减小、向下"速率"增大,向左"直径"减小、向右"直径"增大),如图 5.9 所示。

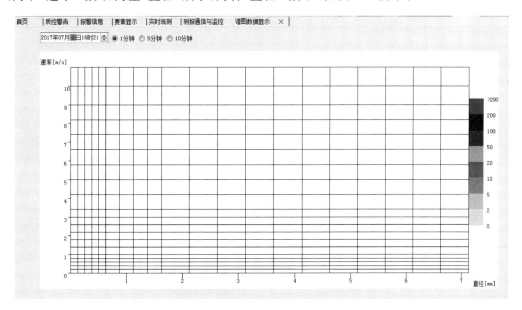

图 5.9　"谱图数据显示"页面

5.1.6　日统计查询

点击主菜单栏"数据查询"→"日统计查询",弹出"日统计值查询"页面,通过调整"观测时间"(系统默认当前计算机日期),可查询降水量、日照、蒸发等要素日累计值,气压、气温、相对湿度、风、地面温度、草面温度等要素的 4 次和 24 次平均值、日极值及出现时间,日最小 10 分钟能见度值及出现时间,天气现象等信息,如图 5.10 所示。

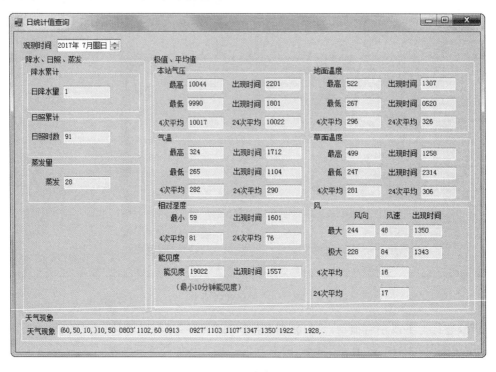

图 5.10　"日统计值查询"页面

5.2　状态查询

状态查询二级目录下有"常规要素状态查询""云状态查询""能见度状态查询""天气现象状态查询""辐射状态查询""日照状态查询""基准辐射状态查询"和"地面综合观测主机"8 项三级目录,如图 5.11 所示。

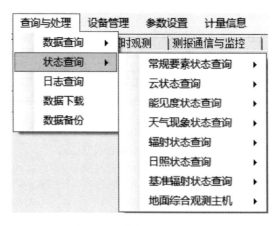

图 5.11　"状态查询"项菜单

5.2.1　常规要素状态查询

点击主菜单栏"查询与处理"→"状态查询"→"常规要素状态查询"→"自动气象站状态每日逐分钟数据表",弹出"自动气象站状态每日逐分钟数据表"页面,选择查询时间,点击"查看",显示主采集器和各分采集器供电、主板温度、运行状态、传感器工作状态、蒸发水位高度、称重降水量水位等信息,如图 5.12 所示。

图 5.12　"自动气象站状态每日逐分钟数据表"页面

点击"文件目录",查看保存在"…\dataset\省名\IIiii\AWS\新型自动站\设备\状态\"目录下的自动站状态信息文件(文件名为"AWS_M_ST_IIiii_YYYYMMDD.txt")。

5.2.2　云状态查询

点击主菜单栏"查询与处理"→"状态查询"→"云状态查询"→"云要素每日逐分钟状态表",弹出"云要素每日逐分钟状态表"页面,选择查询时间,点击"查看",显示外接电源、蓄电池电压等工作状态信息,如图 5.13 所示。

点击"文件目录",查看保存在"…\dataset\省名\IIiii\AWS\cloud\设备\state\Minute\"目录下的云设备状态信息文件(文件名为"IIiii_Cloud_ state_YYYYMMDD.txt")。

5.2.3　能见度状态查询

点击主菜单栏"查询与处理"→"状态查询"→"能见度状态查询"→"能见度要素每日逐分钟状态表",弹出"能见度要素每日逐分钟状态表"页面,选择查询时间,点击"查看",显示外接电源、蓄电池电压等工作状态信息,如图 5.14 所示。

图 5.13 "云要素每日逐分钟状态表"页面

图 5.14 "能见度要素每日逐分钟状态表"页面

点击"文件目录",查看保存在"…\dataset\省名\IIiii\AWS\visibility\设备\state\Minute\"目录下的能见度设备状态信息文件(文件名为"IIiii_visibility_state_YYYYMMDD.txt")。

5.2.4 天气现象状态查询

点击主菜单栏"查询与处理"→"状态查询"→"天气现象状态查询"→"天气现象要素每日逐分钟状态表",弹出"天气现象要素每日逐分钟状态表"页面,选择查询时间,显示外接电源、蓄电池电压等工作状态信息,如图 5.15 所示。

点击"文件目录",查看保存在"…\dataset\省名\IIiii\AWS\weather\设备\state\Minute

数据 天气现象要素每日逐分钟状态表 时间 2017年07月25日19时04分 查看 上一分钟 下一分钟 文件目录

行号	要素	值
1	时、分（北京时）	1904
2	自检状态	正常
3	外接电源状态	（污染）轻微、（供电类型）交流、（其他）未开通
4	蓄电池电压状态	正常
5	蓄电池电压值	13.9
6	AC-DC电压状态	正常
7	AC-DC电压值	13.9
8	设备/主采工作电压状态	正常
9	设备/主采工作电压值	13.9
10	太阳能电池板状态	-
11	太阳能电池板电压值	---
12	降水传感器加热电流状态	正常
13	降水传感器加热电流值	0
14	降水传感器电压状态	正常
15	降水传感器电压值	13.5
16	设备/主采主板环境温度状态	正常
17	设备/主采主板环境温度值	31.8
18	降水传感器温度状态	正常
19	降水传感器温度值	30
20	降水现象仪环境温度状态	-
21	降水现象仪环境温度值	----
22	机箱温度状态	正常
23	机箱温度值	31.8
24	传感器加热	正常
25	窗口污染情况	正常
26	采集器运行状态	正常
27	AD状态	-
28	保留	-

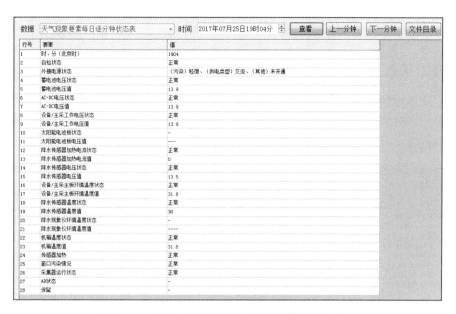

图 5.15 “天气现象要素每日逐分钟状态表”页面

\"目录下的天气现象设备状态信息文件(文件名为“IIiii_weather_state_YYYYMMDD.txt”)。

5.2.5 辐射状态查询

点击主菜单栏“查询与处理”→“状态查询”→“辐射状态查询”→“辐射要素每日逐分钟状态表”,弹出“辐射要素每日逐分钟状态表”页面,显示外接电源、蓄电池电压等工作状态信息,如图 5.16 所示。

数据 辐射要素每日逐分钟状态表 时间 2017年07月18日19时09分 查看 上一分钟 下一分钟 文件目录

行号	要素	值
1	时、分（北京时）	1909
2	时、分（地方时）	1855
3	自检状态	正常
4	外接电源状态	1
5	主板工作电压状态	0
6	蓄电池电压状态	0
7	AC-DC电压状态	0
8	太阳能板电池状态	-
9	主板工作温度状态	0
10	采集器通信状态	0
11	直接辐射表跟踪状态	正常
12	采集器运行状态	正常
13	AD状态	正常
14	采集箱门打开报警	正常
15	总辐射表状态	0
16	总辐射表腔体温度状态	-
17	总辐射表恒温器温度状态	-
18	总辐射表通风状态	-
19	反射辐射表状态	0
20	反辐射表腔体温度状态	-
21	反辐射表恒温器温度状态	-
22	反辐射表通风状态	-
23	直接辐射表状态	0
24	直接辐射表腔体温度状态	-
25	直接辐射表恒温器温度状态	-
26	直接辐射表通风状态	-
27	散射辐射表状态	0
28	散射辐射表腔体温度状态	-
29	散射辐射表恒温器温度状态	-
30	散射辐射表通风状态	-
31	净辐射表状态	-

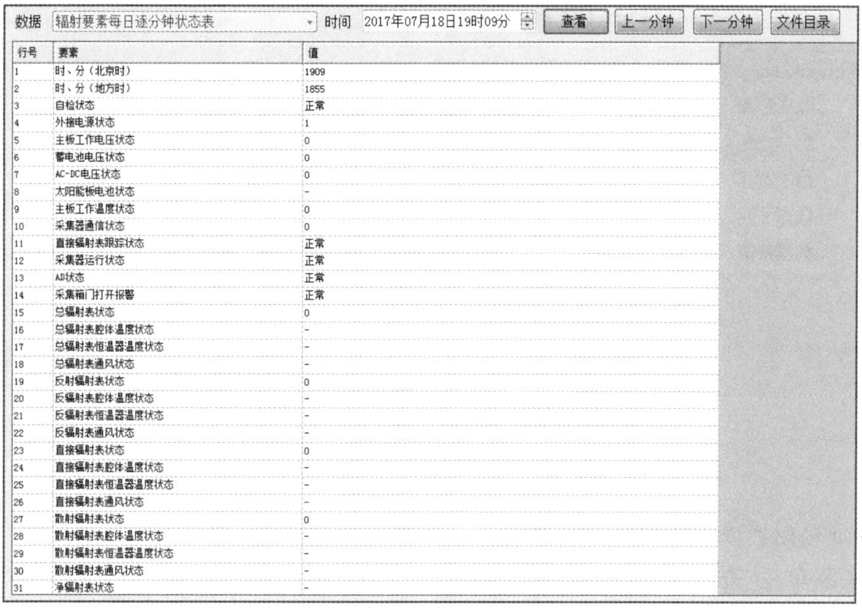

图 5.16 “辐射要素每日逐分钟状态表”页面

点击"文件目录",查看保存在"…\dataset\省名\Iiiii\AWS\radiation\设备\state\Minute\"目录下的辐射设备状态信息文件(文件名为"Iiiii_radiation_state_YYYYMMDD.txt")。

5.2.6 日照状态查询

点击主菜单栏"查询与处理"→"状态查询"→"日照状态查询"→"日照要素每日逐分钟状态表",弹出"日照要素每日逐分钟状态表"页面,显示外接电源、蓄电池电压等工作状态信息,如图 5.17 所示。

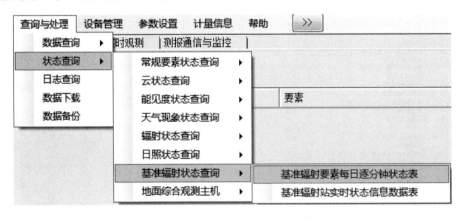

图 5.17 "日照要素每日逐分钟状态表"页面

点击"文件目录",查看保存在"…\dataset\省名\Iiiii\AWS\sunlight\设备\state\Minute\"目录下的日照设备状态信息文件(文件名为"Iiiii_sunlight_state_YYYYMMDD.txt")。

5.2.7 基准辐射状态查询

基准辐射状态查询三级目录下有"基准辐射要素每日逐分钟状态表""基准辐射站实时状态信息数据表"等 2 项四级目录,如图 5.18 所示。

图 5.18 "基准辐射状态查询"项菜单

(1)基准辐射要素每日逐分钟状态表

点击主菜单栏"查询与处理"→"状态查询"→"基准辐射状态查询"→"基准辐射要素每日逐分钟状态表",弹出"基准辐射要素每日逐分钟状态表"页面,显示外接电源、蓄电池电压等工作状态信息,如图 5.19 所示。

图 5.19 "基准辐射要素每日逐分钟状态表"页面

点击"文件目录",查看保存在"…\dataset\省名\Iiii\AWS\baseradiation\设备\state\
Minute\"目录下的基准辐射设备状态信息文件(文件名为"Iiii_baseradiation_state_
YYYYMMDD.txt")。

(2)基准辐射站实时状态信息数据表

点击主菜单栏"查询与处理"→"状态查询"→"基准辐射状态查询"→"基准辐射站实时状
态信息数据表",弹出"基准辐射站实时状态信息数据表"页面,显示外接电源、蓄电池电压等实
时工作状态信息,如图5.20所示。

图 5.20 "基准辐射站实时状态信息数据表"页面

点击"文件目录",查看保存在"…\dataset\省名\Iiii\AWS\baseradiation\上传\state\
Minute\"目录下的基准辐射设备实时状态信息文件(文件名为"Z_R_BSRN_I_Iiii_YYYYM-
MDD000000.txt")。

5.2.8 地面综合观测主机

点击主菜单栏"查询与处理"→"状态查询"→"地面综合观测主机"→"地面综合观测主机
状态每日逐分钟数据表",弹出"地面综合观测主机状态每日逐分钟数据表"页面,显示内存总
量、当前 CPU 使用率等工作状态信息,如图 5.21 所示。

图 5.21 "地面综合观测主机状态每日逐分钟数据表"页面

点击"文件目录",查看保存在"…\dataset\省名\IIiii\AWS_PC\主机\状态\"目录下的地面综合观测主机状态信息文件(文件名为"AWS_M_PC_IIiii_YYYYMMDD.txt")。

5.3 日志查询

点击主菜单栏"查询与处理"→"日志查询",弹出"日志查询"界面,如图 5.22 所示。

图 5.22 "日志查询"界面一

在"日志查询"界面选择要查询的日志类型、级别等,点击"查询"按钮,显示相应日志信息,并分页显示,如图 5.23 所示。

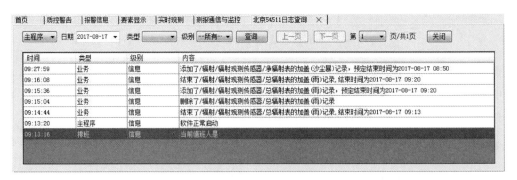

图 5.23 "日志查询"界面二

5.4　数据下载

点击主菜单栏"查询与处理"→"数据下载",弹出"数据下载"界面,如图5.24所示。

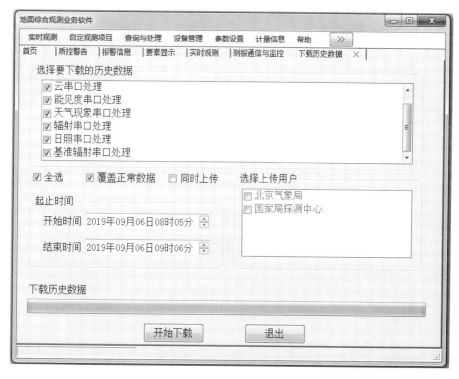

图5.24　"数据下载"界面

选择要下载的历史数据,包括:"新型自动站串口处理""云串口处理""能见度串口处理""天气现象串口处理""辐射串口处理""日照串口处理"和"基准辐射串口处理"7个选项,勾选复选框确认;或勾选下方"全选"复选框,则7个选项同时选中。点击进入"历史数据下载"界面,系统默认为全选所有的串口。

输入"起止时间",时间跨度最长为7天,"结束时间"超过系统当前时间时默认为当前时间。点击"开始下载",软件将以"1条数据记录/2秒"的速度完成数据下载,"下载历史数据"进度条显示下载进度,历史数据下载窗口显示下载状态,结束后提示下载完成信息,下载时不影响观测数据实时采集。

软件在每个正点40分自动对60分钟内缺测数据进行下载。进行历史数据下载时,如遇软件自动补调数据,软件会先完成数据补调,再进行历史数据下载,这时出现下载速度很慢或者进度条停止不动的现象。

勾选"覆盖正常数据"选项,下载的历史数据将覆盖已有小时和分钟采集数据文件里的数据(前提是采集器内有该数据并且是正确的);不勾选,则只下载未写入时段的数据,不覆盖已写入时段的数据。

"同时上传"选项,供采用流数据传输的台站选择。

5.5　数据备份

点击主菜单栏"查询与处理"→"数据备份",弹出"数据备份"界面,如图5.25所示。

图5.25　"数据备份"界面

用输入或浏览的方式设置保存备份文件的盘符和路径,如图5.26所示。

图5.26　保存备份文件

点击"保存",弹出自动备份对话框,如图5.27所示。

图5.27　"自动备份"对话框

此后每天都将在备份文件路径下自动备份一次"dataset"文件夹、"metadata"文件夹和"区站号.prj"文件。

如果再次设置其他路径,或点击"初次备份"按钮,则弹出确认对话框,如图5.28所示。

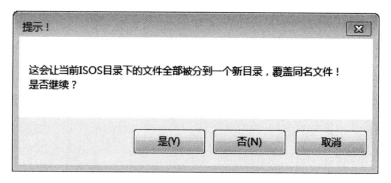

图 5.28　确认对话框

　　以确认是否需要再次备份或更换目录进行备份,点击"是",继续;点击"否",不更改目录或再次备份,点击"取消",退出此次操作。

第 6 章

设备管理

主菜单栏"设备管理"项菜单,包括"设备标定""设备维护""设备停用""维护终端""辐射因雨加盖"和"辐射因沙加盖"6 项内容,如图 6.1 所示。

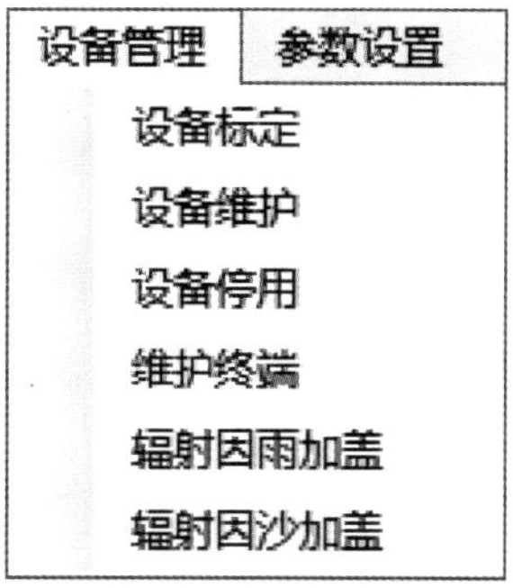

图 6.1　"设备管理"项菜单

1)在设备标定、维护、停用期间,将观测数据置为"—"(即缺测)。

2)传感器检定时,选择"设备标定"。

3)同一传感器在同一时间段内不能同时进行设备标定、维护、停用操作,如果要进行另一项操作,将提前结束以前的操作。

4)传感器故障维护维修时,选择"设备维护"。

5)如传感器在较长一段时间停止使用时(如 E-601B 型蒸发冬季停用),在设备挂接中取消该挂接该传感器。

6)无降水期间对雨量传感器进行标定维护时,不使用"设备维护"或"设备标定"功能,应直接拔下信号线对雨量传感器进行标定维护,避免非降水数据上传。

6.1　设备标定

点击主菜单栏"设备管理"→"设备标定",弹出"设备标定"页面,点击"开始标定",弹出"设备标定"对话框,选择待标定传感器后,填写标定开始时间(以当前计算机默认时间为准)、结束时间(需人工结束标定)、操作人(即值班员),初步填写操作内容,然后点击"标定",开始设备标定,如图 6.2 所示。

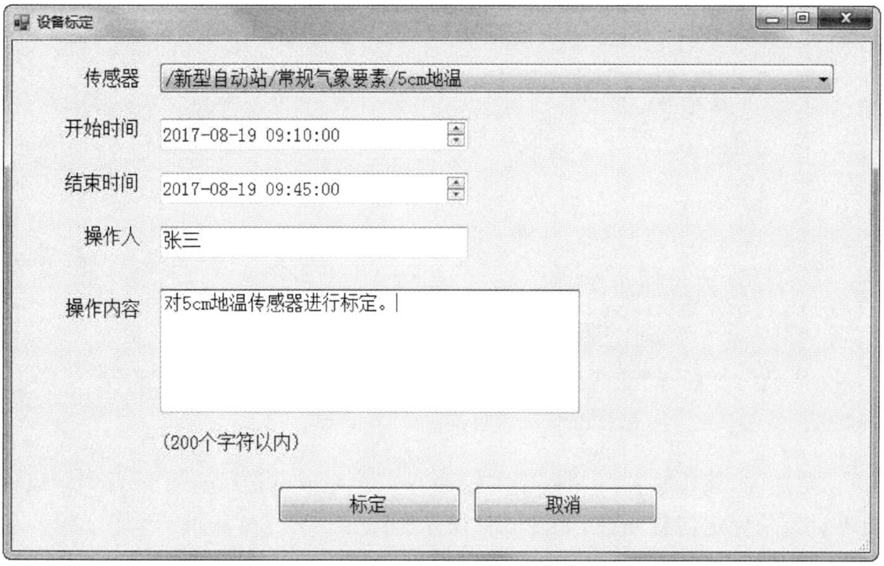

图 6.2　"设备标定"对话框一

传感器标定完成后,在"设备标定"选中已完成标定的记录条,点击"结束标定",如图 6.3 所示。

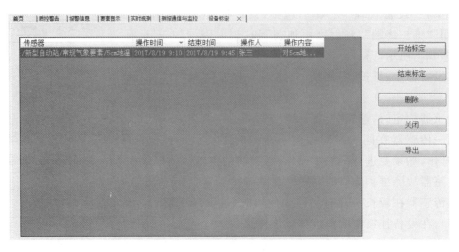

图 6.3 "设备标定"页面一

在弹出的"设备标定"页面,需重新选择正确的标定结束时间(系统默认为点击结束标定时计算机时间),完善"操作内容",再点击"结束标定",如图 6.4 所示。

图 6.4 "设备标定"对话框二

在设备标定期间,该传感器观测数据均置为"—"。完成标定信息登记后,"结束标定"按钮灰显,不能再对该条标定信息修改,如图 6.5 所示。

如需删除某条标定记录,选中要删除的标定记录条后,点击"删除"按钮,弹出管理员身份验证"登录"窗口,如图 6.6 所示。

输入"管理员"和"密码"后,点击"登录",即弹出"删除记录确认"窗口,点击"是",则选中的标定记录条将删除;点击"否",则取消该操作,如图 6.7 所示。

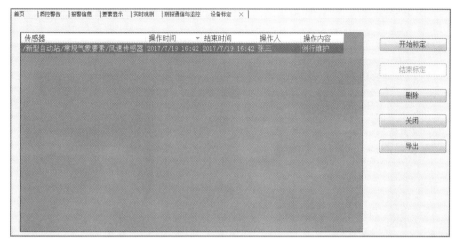

图 6.5　"设备标定"页面二

图 6.6　"登录"窗口一

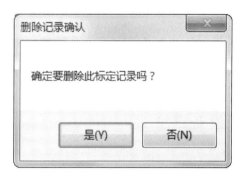

图 6.7　"删除记录确认"窗口一

在"设备标定"页面,点击"导出",选择要导出的文件路径和文件名,将所有标定内容导出为 Excel 支持的 .CSV 格式文件,如图 6.8 所示。

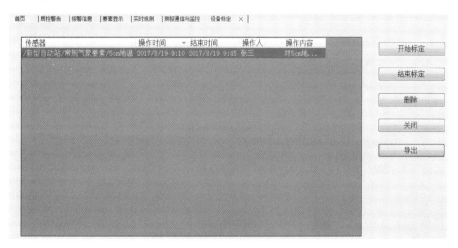

图 6.8　"设备标定"页面三

点击"导出"按钮,弹出文件保存路径选择窗口,如图 6.9 所示。

图 6.9　文件保存路径选择窗口

选择文件保存路径并输入要保存的"文件名"后,点击"保存"按钮,提示"文件保存成功!",点击"取消"则退出文件保存对话框,如图 6.10 所示。

6.2　设备维护

点击主菜单栏"设备管理"→"设备维护",弹出"设备维护"页面,点击"开始维护",弹出"设备维护"对话框,选择待维护传感器后,填写维护开始时间(以当前计算机默认时间为准)、结束时间(需人工结束维护)、操作人(即值班员),初步填写维护内容,然后点击"维护",开始设备维护,如图 6.11 所示。

图 6.10　"文件保存成功"窗口

图 6.11　"设备维护"对话框一

维护结束后,在"设备维护"窗口选中要结束维护的记录条,点击"结束维护",弹出结束维护窗口,如图 6.12 所示。

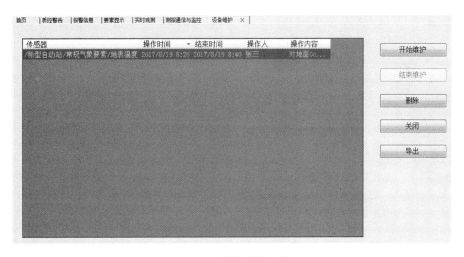

图 6.12　"设备维护"对话框二

在弹出的"设备维护"页面,需重新选择正确的维护结束时间(系统默认为点击结束维护时计算机时间),完善"操作内容",再点击"结束维护"。在设备标定期间,该传感器观测数据均置为"一"。完成标定信息登记后,"结束标定"按钮灰显,不能再对该条标定信息修改,如图 6.13 所示。

图 6.13　"设备维护"页面

如需删除某条设备维护记录,选中要删除的记录条后,点击"删除",将弹出管理员身份验证"登录"窗口,如图 6.14 所示。

输入"管理员"和"密码"后(默认均为空),点击"登录",即弹出"删除记录确认"窗口,点击

"是",则选中的设备维护记录条将删除;点击"否"则取消该操作,如图6.15所示。

图6.14 "登录"窗口二

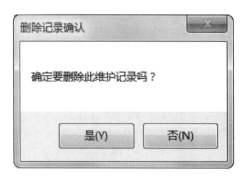

图6.15 "删除记录确认"窗口二

在"设备维护"页面,点击"导出",选择要导出的文件路径和文件名,将所有设备维护内容导出为Excel支持的.CSV格式文件。

6.3 设备停用

点击主菜单"设备管理"→"设备停用",弹出"设备停用"页面,点击"开始停用",弹出"设备停用"对话框,选择待停用传感器后,填写停用开始时间(以当前计算机默认时间为准)、结束时间(需人工结束停用)、操作人(即值班员)、初步填写操作内容,然后点击"停用",开始设备停用,如图6.16所示。

图6.16 "设备停用"对话框

在弹出的"设备停用"页面,完善"操作内容",再点击"结束停用"。在设备停用期间,该传感器观测数据均置为"一"。完成停用信息登记后,"结束标定"按钮灰显,不能再对该条标定信息修改,如图6.17所示。

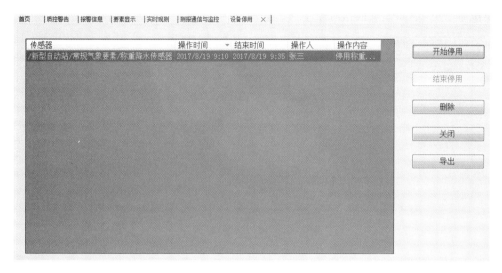

图 6.17　"设备停用"页面

　　如需删除某条设备停用记录,选中要删除的记录条后,点击"删除",将弹出管理员身份验证"登录"窗口,如图 6.18 所示。

　　输入"管理员"和"密码"后(默认均为空),点击"登录",即弹出"删除记录确认"窗口,点击"是",则选中的设备维护记录条将删除;点击"否"则取消该操作,如图 6.19 所示。

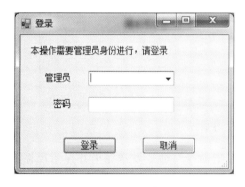

图 6.18　"登录"窗口三

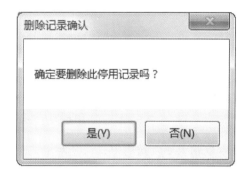

图 6.19　"删除记录确认"窗口三

　　在"设备停用"页面,点击"导出",选择要导出的文件路径和文件名,将所有维护内容导出为 Excel 支持的 .CSV 格式文件。

6.4　维护终端

　　维护终端是 ISOS 软件通过规定命令与采集设备进行交互的通道,操作员可以通过终端命令直接对采集器、传感器进行数据读取、参数设置等操作。操作如下:

　　点击主菜单栏"设备管理"→"维护终端",弹出"串口终端"页面,输入串口命令,点击"发送命令",即显示命令执行结果。"串口终端"具体操作命令及返回数据格式见《新型自动气象(气候)站功能规格需求书"附录 2:新型自动气象(气候)站终端命令格式",云、能、天、辐射设备的设备操作命令见《地面气象数据对象字典》,如图 6.20 所示。

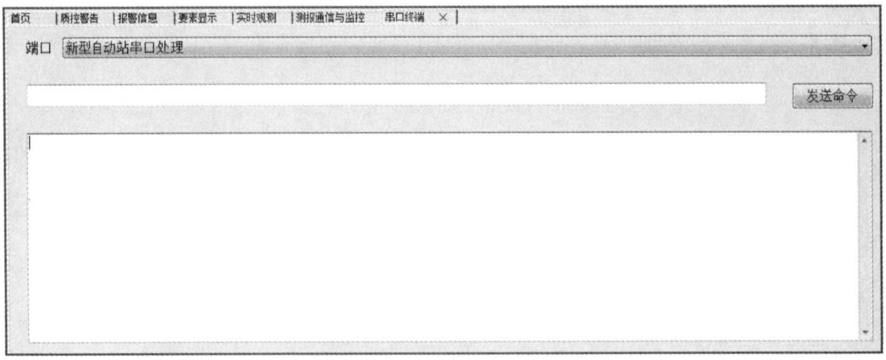

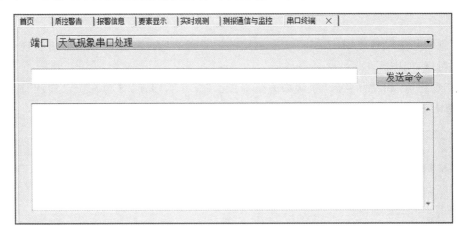

图 6.20 "串口终端"界面一

在"串口终端"界面,需正确选择要操作的设备端口,如图 6.21 所示。

图 6.21 "串口终端"界面二

在文本框输入要发送的串口命令回车或点击"发送命令",命令发送完毕并显示反馈信息,即执行终端维护,如图 6.22 所示。

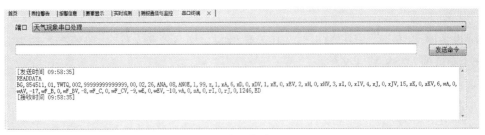

图 6.22 "串口终端"界面三

6.5　辐射因雨加盖

点击主菜单栏"设备管理"→"辐射因雨加盖",弹出"设备加盖(雨)"页面,点击"开始加盖

（雨）"，弹出"设备加盖（雨）"对话框，选择待加盖传感器后，填写加盖开始时间（默认为当前计算机默认时间）、结束时间（需人工结束标定）、操作人（即值班员）、操作内容，然后点击"加盖（雨）"，完成传感器加盖操作，如图 6.23 所示。

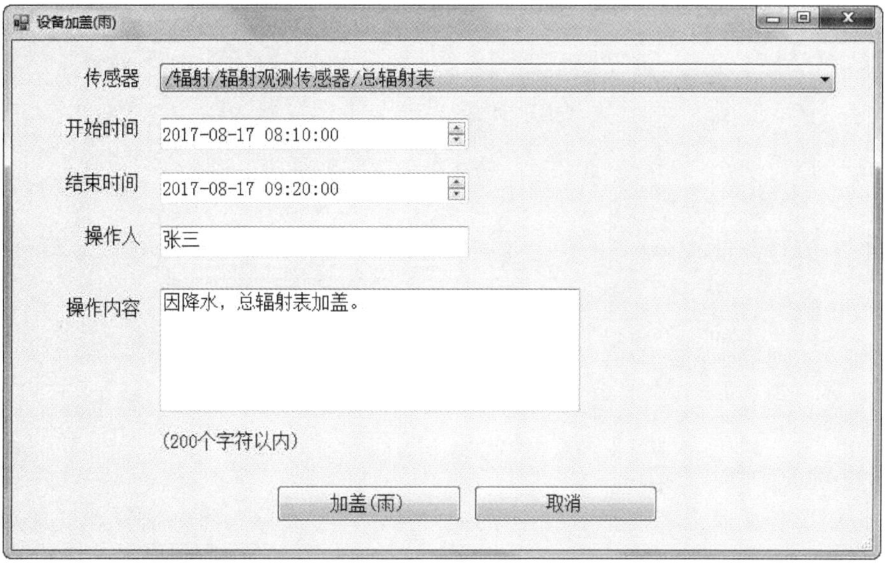

图 6.23　"设备加盖（雨）"对话框一

注：到了设定的结束时间，ISOS 软件会自动结束该次加盖，并输出其后的传感器观测数据，建议根据降雨情况设置结束时间。

如结束加盖，在"设备加盖（雨）"页面选中要结束加盖的记录条，点击"结束加盖（雨）"，如图 6.24 所示。

图 6.24　"设备加盖（雨）"对话框二

在弹出的"设备加盖（雨）"页面，完善相应结束加盖信息（结束时间、操作内容等）后，点击"结束加盖（雨）"，该记录条右侧的"结束加盖（雨）"按钮灰显，结束加盖（雨）操作完成，该条记录不能再修改，如图 6.25 所示。

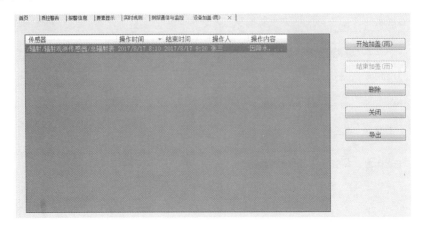

图 6.25　"设备加盖（雨）"页面

如需删除设备加盖记录，选中要删除的记录条，点击"删除"，将弹出管理员身份验证"登录"窗口，如图 6.26 所示。

输入"管理员"和"密码"后（默认均为空），点击"登录"，即弹出"删除记录确认"窗口，点击"是"，则选中的设备维护记录条将删除；点击"否"则取消该操作，如图 6.27 所示。

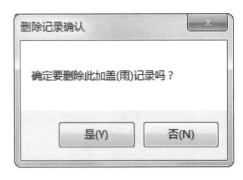

图 6.26　"登录"窗口四　　　　　图 6.27　"删除记录确认"窗口四

在"设备加盖（雨）"页面，点击"导出"，并正确选择要导出的文件路径和文件名，将所有加盖内容导出为 Excel 支持的 .CSV 格式文件。

6.6　辐射因沙加盖

点击主菜单栏"设备管理"→"辐射因沙加盖"，弹出"设备加盖（沙尘暴）"页面，点击"开始加盖（沙尘暴）"，弹出"设备加盖（沙尘暴）"对话框，选择待加盖传感器后，填写加盖开始时间（默认为当前计算机时间）、结束时间（默认为加盖开始时间后 2 小时）、操作人（即值班员）、操作内容，然后点击"加盖（沙尘暴）"，完成传感器加盖操作，如图 6.28 所示。

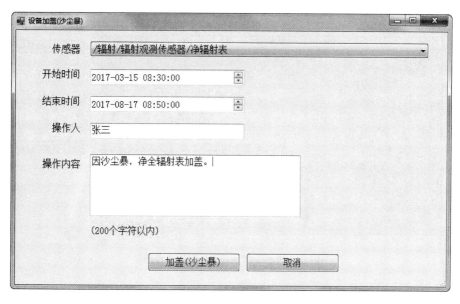

图 6.28　"设备加盖(沙尘暴)"对话框一

　　注:到了设定的结束时间,ISOS 软件会自动结束该次加盖,并输出其后的传感器观测数据。

　　如结束加盖,在"设备加盖(沙尘暴)"页面选中结束加盖的记录条,点击"结束加盖(沙尘暴)",如图 6.29 所示。

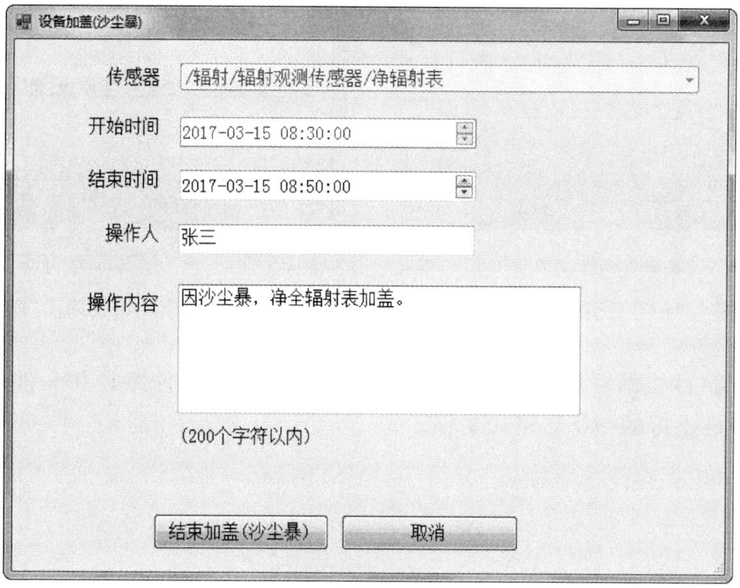

图 6.29　"设备加盖(沙尘暴)"对话框二

　　在弹出的"设备加盖(沙尘暴)"页面,完善相应结束加盖信息(结束时间、操作内容等)后,左键点击"结束加盖(沙尘暴)",该记录条右侧的"结束加盖(沙尘暴)"按钮灰显,该条记录不能再修改,如图 6.30 所示。

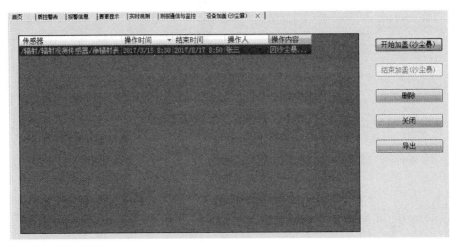

图 6.30 "设备加盖(沙尘暴)"页面

　　如需删除设备加盖的记录,选中要删除的记录条,点击"删除",将弹出管理员身份验证"登录"窗口,如图 6.31 所示。

　　输入"管理员"和"密码"后(默认均为空),点击"登录",即弹出"删除记录确认"窗口,点击"是",则选中的设备维护记录条将删除;点击"否"则取消该操作,如图 6.32 所示。

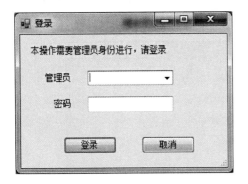

图 6.31 "登录"窗口五

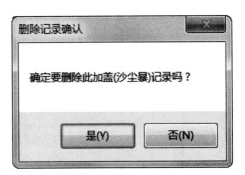

图 6.32 "删除记录确认"窗口五

　　在"设备加盖(沙尘暴)"页面,点击"导出",选择要导出的文件路径和文件名,将所有加盖内容导出为 Excel 支持的 .CSV 格式文件。

第 7 章

计量信息

主菜单栏"计量信息"项菜单,包括"新型自动站"和"辐射"等2项内容,如图7.1所示。

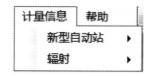

图7.1　"计量信息"项菜单

7.1　新型自动站

主菜单栏"计量信息"→"新型自动站"包括新型自动气象站、气压传感器、温度传感器、湿度传感器、0 cm地温传感器、5 cm地温传感器、10 cm地温传感器、15 cm地温传感器、20 cm地温传感器、40 cm地温传感器、80 cm地温传感器、160 cm地温传感器、320 cm地温传感器、草温传感器、风向传感器、风速传感器、翻斗式雨量传感器17种仪器设备,如图7.2所示。

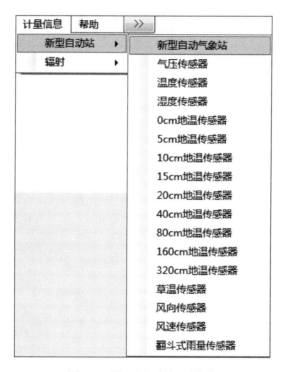

图7.2　"新型自动站"项菜单

设备计量信息内容包括"仪器名称""仪器型号""出厂编号""生产厂家""计量检定证书编号""检定日期""超检日期""送检单位名称""送检单位地址""检定类型""检定依据""检定机构名称""检定机构地址""检定机构授权证书号""检定人员""检定核验员""检定批准人""检定时的环境条件——温度""检定时的环境条件——湿度""检定时的环境条件——压力"20项内容,详见表7.1。

表 7.1　新型自动站计量信息

序号	字段信息	录入规则	长度	说明
1	仪器名称	汉字	50 个字节	
2	仪器型号规格	字母、符号、数字	100 个字节	
3	仪器出厂编号	字母、符号、数字	100 个字节	
4	仪器生产厂家	汉字、数字、符号、字母	100 个字节	
5	仪器送检单位名称	汉字	100 个字节	
6	仪器送检单位地址	汉字、数字、符号、字母	84 个字节	
7	仪器计量检定证书编号	字母、数字、符号	50 个字节	
8	计量检定类型	检定/校准/检测	4 个字节	
9	计量检定依据	汉字、字符、数字、字母	200 个字节	
10	计量检定机构名称	国家气象计量站	100 个字节	
11	计量检定机构地址	汉字、字符、数字	100 个字节	
12	计量检定机构授权证书号	汉字、字符、数字	100 个字节	
13	计量检定人员	汉字、字符	50 个字节	
14	计量检定核验员	汉字、字符	50 个字节	
15	计量检定批准人	汉字、字符	50 个字节	
16	计量检定日期	YYYYMMDD	8 个字节	YYYY:表示年份,MM:表示月份,DD:表示日期,高位不足补 0
17	下次计量检定日期	YYYYMMDD	8 个字节	YYYY:表示年份,MM:表示月份,DD:表示日期,高位不足补 0
18	计量检定时的环境条件——温度	数字	4 个字节	单位为 0.1℃,原值扩大 10 倍录入
19	计量检定时的环境条件——湿度	数字	3 个字节	原值录入,用"%"表示
20	计量检定时的环境条件——压力	数字	6 个字节	单位为"hPa"扩大 10 倍录入

　　以录入气压传感器计量信息为例,在主菜单栏"参数设置"→"计量信息参数"中勾选"气压传感器"并保存后,即可在主菜单栏"计量信息"→"新型自动站"项,选择"气压传感器"打开相应页面录入气压传感器的计量信息,如图 7.3 所示。

图 7.3　"气压传感器"标签页

除仪器名称固定给出、检定类型可选择外,其他需要录入的内容均需人工录入,录入完成后,点击"保存"按钮,完成计量信息保存。

7.2　辐射

主菜单栏"计量信息"→"辐射"计量信息包括"总辐射传感器""净辐射传感器""直接辐射传感器""散射辐射传感器"和"反射辐射传感器"5 种仪器设备,如图 7.4 所示。

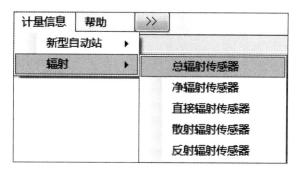

图 7.4　"辐射"项菜单

以上仪器的计量信息内容包括"仪器名称""仪器型号规格""仪器出厂编号""仪器生产厂家"等 20 项内容,详见表 7.2。

表 7.2　辐射站计量信息

序号	字段信息	录入规则	长度	说明
1	仪器名称	汉字	50 个字节	
2	仪器型号规格	字母、符号、数字	100 个字节	
3	仪器出厂编号	字母、符号、数字	100 个字节	
4	仪器生产厂家	汉字、数字、符号、字母	100 个字节	
5	仪器送检单位名称	汉字	100 个字节	
6	仪器送检单位地址	汉字、数字、符号、字母	84 个字节	
7	仪器计量检定证书编号	字母、数字、符号	50 个字节	
8	计量检定类型	检定/校准/检测	4 个字节	
9	计量检定依据	汉字、字符、数字、字母	200 个字节	
10	计量检定机构名称	国家气象计量站	100 个字节	
11	计量检定机构地址	汉字、字符、数字	100 个字节	
12	计量检定机构授权证书号	汉字、字符、数字	100 个字节	
13	计量检定人员	汉字、字符	50 个字节	
14	计量检定核验员	汉字、字符	50 个字节	
15	计量检定批准人	汉字、字符	50 个字节	
16	计量检定日期	YYYYMMDD	8 个字节	YYYY:表示年份,MM:表示月份,DD:表示日期,高位不足补 0
17	下次计量检定日期	YYYYMMDD	8 个字节	YYYY:表示年份,MM:表示月份,DD:表示日期,高位不足补 0
18	计量检定时的环境条件——温度	数字	4 个字节	单位为 0.1℃,原值扩大 10 倍录入
19	计量检定时的环境条件——湿度	数字	3 个字节	原值录入,用"％"表示
20	计量检定时的环境条件——压力	数字	6 个字节	单位为"hPa"扩大 10 倍录入

注:辐射传感器设备计量信息录入方法与"新型自动站"设备计量信息录入方式相同。

第 8 章

BUFR 格式文件

为满足现代气象业务应用需求,各个探测和产品加工系统形成的地面、高空、辐射、数值预报、大气成分、雷达、卫星等资料种类不断增加,气象观测数据、产品制作和应用环节产生并保持着数量繁多的自定义气象数据文件格式,造成了气象数据格式不统一、不规范,上下游各应用系统衔接连动性薄弱等问题,影响和制约了气象数据综合应用效益的发挥。

中国气象局为了建立全业务流程统一、标准化的气象数据格式,并与国际接轨,使用 WMO 推荐的表格驱动码 BUFR 格式(二进制通用格式)编报,在 WMO 标准模板的基础上,根据国内地面观测业务规定进行扩充,形成地面观测资料 BUFR 格式模板。国家级地面观测站实时形成地面(辐射)小时数据、地面(辐射)分钟数据、酸雨观测数据和雨滴谱数据的 BUFR 格式文件,地面自动站运行状态和设备运行状态信息、台站元数据描述性数据,使用扩展性强的 XML 文件格式编报。

BUFR 格式数据文件保存

1)每分钟生成 1 个地面(辐射)分钟 BUFR 格式数据文件;每小时生成 1 个地面(辐射)小时 BUFR 格式数据文件;每日形成 1 个酸雨 BUFR 数据文件;每分钟形成 1 个自动站运行状态和设备信息 XML 文件;台站元数据修改时,自动形成设备信息 XML 格式文件上传,均存放在软件安装目录下的 "…\bin\Send\Data\"文件夹中,文件实时上传后分类存放到"…\bin\Send\sendbak\"文件夹中。

2)每 5 分钟形成 1 个雨滴谱 BUFR 格式上传数据文件,保存在"…\bin\Send\YDP\YYYYMMdd\"文件夹下。

BUFR 格式数据文件传输

ISOS 软件形成地面(辐射)小时数据、地面(辐射)分钟数据、酸雨观测数据的 BUFR 格式文件和运行状态和设备信息及台站元数据 XML 文件,通过国家级地面自动站标准格式数据消息传输客户端实时上传。形成的雨滴谱 BUFR 格式数据文件通过"测报通信与监控"模块以 FTP 传输方式实时上传。

BUFR 格式数据文件补发

在"测报通信与监控"界面"BUFR 数据发送"标签页中,点击"BUFR 数据补发"按钮,弹出"BUFR 数据补发"窗口,设定时间,点击"获取补发文件"按钮,获取到需要补发时段的 BUFR 格式数据文件,选择补发文件后,点击"确认发送"完成 BUFR 格式数据文件补发,如图 8.1 所示。

图 8.1 "BUFR 数据补发"标签页一

"状态栏"显示"已处理",表示已形成该 BUFR 格式数据文件,如图 8.2 所示。

图 8.2 "BUFR 数据补发"标签页二

"状态栏"显示"失败",则表示未形成该 BUFR 格式数据文件,如图 8.3 所示。

图 8.3 "BUFR 数据补发"标签页三

若无编发数据,则先下载数据,再进行 BUFR 格式文件补发。

注意:如果有数据补发显示"失败",需从"…\bin\Send\sendbak\"备份文件夹中查找需补发的 BUFR 格式数据文件,复制到"…\bin\Send\Data\"接口文件夹中,重新上传。

附　录

附录 A　地面台站元数据 XML 编码格式

A1　范围

本格式规定了国内地面台站元数据的编码格式、编码规则和代码。

本格式适用于国内地面台站元数据的编码传输。

A2　格式

地面台站元数据 XML 格式采用标准的 XML Schema 进行描述，XML Schema 在 2001 年 5 月 2 日成为 W3C 标准。

Schema 元素引用的命名空间是 xmlns＝http：//www.w3.org/2001/XMLSchema。

台站元数据主要包括八部分内容：基本信息、台站信息、地面观测仪器、气象辐射仪器类型性能、酸雨观测仪器、纪要、备注事项和台站沿革变动。相应的每一个台站元数据 XML 文件都包括一个＜StationMetadata＞复合元素，该复合元素包括八个子元素：＜BasicInformation＞，＜StationInformation＞，＜SurfaceInstrument＞，＜RadiationInstrument＞，＜AcidRain-Instrument＞，＜Summary＞，＜Remarks＞和＜StationEvolution＞。每一类子元素还是复合元素，其又包括不同的元素字段，具体内容见表 A1。

基本信息部分每次必须编报。

台站信息部分可灵活编报。如果台站信息无变动，＜StationInformation＞元素可省略不写。如果部分信息有变动，可以只编报＜StationInformation＞元素中变动的内容。

地面观测仪器部分可灵活编报。如果台站没有地面观测任务，＜SurfaceInstrument＞元素可省略不写。

气象辐射仪器类型性能部分可灵活编报。如果台站没有辐射观测任务，＜RadiationInstrument＞元素可省略不写。

酸雨观测仪器部分可灵活编报。如果台站没有酸雨观测任务，＜AcidRainInstrument＞元素可省略不写。

纪要部分可灵活编报。如果无纪要，＜Summary＞元素可省略不写。

备注事项部分可灵活编报。如果无备注事项，＜Remarks＞元素可省略不写。

台站沿革变动部分可灵活编报。如果无变动，＜StationEvolution＞元素可省略不写。如果台站信息有变动内容，可以只编报＜StationEvolution＞元素的中变动的内容。

表 A1　地面台站元数据要素字典

序号	要素分类	要素分类名称	要素名	要素名称	类型	编报说明
1	基本信息	BasicInformation	区站号	StationID	字符串/String	台站指定的一个唯一标识符。
2			年	Year	字符串/String	4 位数字

序号	要素分类	要素分类名称	要素名	要素名称	类型	编报说明
3	基本信息	BasicInformation	月	Month	字符串/String	2位数字
4			日	Day	字符串/String	2位数字
5	台站信息	StationInformation	台站档案号	Archive	字符串/String	5位数字,前2位为省(自治区、直辖市)编号,后3位为台站编号。
6			台站名称	StationName	字符串/String	不定长,最大字符数为36。录入本台(站)的名称。台(站)名称若不是以县(市、旗)名为台(站)名的,则应在台(站)名称前加县(市、旗)名。
7			区协代码	RegionID	字符串/String	WMO定义的区协,见表A2,WMO区协代码表,中国属于区协Ⅱ(亚洲),编报"2"。
8			国家名称	Country	字符串/String	观测的国家或地区名称,编报"中国"。
9			省(区、市)名	Province	字符串/String	不定长,最大字符数为20。录入台站所在省(自治区、直辖市)名全称。如"广西壮族自治区"。如果为固定陆地测站,必填。
10			所属机构	Organization	字符串/String	不定长,最大字符数为30。指气象台站业务管辖部门简称,填到省、部(局)级,如:"国家海洋局"。气象部门所属台站填"某某省(市、区)气象局"。
11			地址	Address	字符串/String	不定长,最大字符数为42。录入本站所在地的详细地址,所属省、自治区、直辖市名称可省略。如果为固定陆地测站,必填。

序号	要素分类	要素分类名称	要素名	要素名称	类型	编报说明
12	台站信息	StationInformation	纬度	Latitudes	字符串/String	长度 6 字节，按度分秒记录，均为 2 位，高位不足补"0"，台站纬度未精确到秒时，秒固定记录"00"。船舶和移动平台可不填。
13			经度	Longitudes	字符串/String	长度 7 字节，按度分秒记录，度为 3 位，分秒为 2 位，高位不足补"0"，台站经度未精确到秒时，秒固定记录"00"。船舶和移动平台可不填。
14			观测场拔海高度	Elevation	实型/Decimal	保留 1 位小数，单位是米。如果为约测值，编报"约测值＋10000"。若测站位于海平面以下，用负数表示，约测值编报"约测值－10000"。
15			气压传感器拔海高度	Pessure-Elevation	实型/Decimal	保留 1 位小数，单位是米。如果为约测值，编报"约测值＋10000"。若测站位于海平面以下，用负数表示，约测值编报"约测值－10000"。
16			风速感应器距地（平台）高度	WindHeight	实型/Decimal	保留 1 位小数，单位是米
17			观测平台距地高度	PlatfromHeight	实型/Decimal	保留 1 位小数，单位是米。
18			观测任务	Observation-Type	字符串/String	"地面""辐射""酸雨"
19			测站类型	StationType	字符串/String	见代码表 A4。
20			地面观测方式	SurfaceMethod	字符串/String	见代码表 A5。

序号	要素分类	要素分类名称	要素名	要素名称	类型	编报说明
21	台站信息	StationInformation	酸雨采样方式	AcidRain-Sampling	字符串/String	由两位数字组成,十位为降水采样方式,个位为采样时段,见代码表6。
22			观测要素标识	Observation-Elements	字符串/String	由 20 个字符 $y_1,\cdots,y_{20}$ 组成,分别表示 20 个要素全月数据状况,要素名称和顺序见表 A7。例如,某月气压要素,$y_1=0$ 表示人工观测,$y_1=1$ 表示自动站观测(若由自动站观测和人工观测两段构成时,该月所有的数据统一视为自动站观测数据),$y_1=9$ 表示全月数据缺测。
23			地理环境	Environment	字符串/String	不定长,最大字符数为20。据情选择录入台站周围地理环境情况,台站若同时处于二个以上环境,则并列录入,其间用";"分隔,如:"市区;山顶"。
24			守班情况	OnDuty	字符串/String	0:夜间不守班;1:夜间守班
25			台(站)长	StationMaster	字符串/String	不定长,最大字符数为16。录入台(站)长姓名。姓名中可加必要的符号,如"·",以下相同情况按此处理。
26	地面观测仪器	Surface-Instrument	仪器识别符	Instrument-Identifier	字符串/String	见代码表 A8
27			规格型号	Model	字符串/String	由字母或数字组成,不定长。
28			序列号	SerialNumber	字符串/String	由数字组成,不定长。
29			生产厂家	Manufacturer	字符串/String	观侧仪器的生产厂名
30			检定日期	VerificationDate	字符串/String	YYYYMMDD

续表

序号	要素分类	要素分类名称	要素名	要素名称	类型	编报说明
31	辐射仪器类型性能	Radiation-Instrument	仪器类型识别符	TypeIdentifier	字符串/String	见代码表 A8
32			型号	Model	字符串/String	由字母或数字组成,不定长。
33			序列号	SerialNumber	字符串/String	由数字组成,不定长。
34			灵敏度 K 值	Sensitivity	字符串/String	由 4 位数字组成,单位为 0.01 $\mu V \cdot W^{-1} \cdot m^2$。净全辐射表灵敏度 K 值包括白天 K 值和晚上 K 值,两个 K 值之间用";"分隔。记录器此项缺省。
35			响应时间 t 值	ResponseTime	整数/Integer	整数,单位为 s。记录器此项缺省。
36			电阻 R 值	Resistance	实型/Decimal	保留 1 位小数,单位为 Ω。记录器此项缺省。
37			辐射表距地高度	Instrument-Height	实型/Decimal	保留 1 位小数,单位是米。
38			检定日期	VerificationDate	字符串/String	YYYYMMDD
39			开始工作时间	StartTime	字符串/String	YYYYMMDD
40	酸雨观测仪器	AcidRain-Instrument	仪器识别符	Instrument-Identifier	字符串/String	见代码表 A8
41			仪器型号	Model	字符串/String	由字母或数字组成,不定长。人工采样的采样桶可不填。
42			序列号	SerialNumber	字符串/String	由数字组成,不定长。人工采样的采样桶可不填。
43			电极类型	ElectrodeType	字符串/String	"光亮"、"铂黑";电导电极需填写。

续表

序号	要素分类	要素分类名称	要素名	要素名称	类型	编报说明
44	酸雨观测仪器	AcidRain-Instrument	电极常数	CellConstant	实型/Decimal	3位小数;电导电极需填写。
45			采样桶口径	Caliber	整数/Integer	整数,单位为mm;人工采样的采样桶、自动降水采样器需填写。
46			采样桶(内)高度	Height	整数/Integer	整数,单位为mm;人工采样的采样桶、自动降水采样器需填写。
47			采样桶材质	Material	字符串/String	人工采样的采样桶、自动降水采样器需填写。
48			采样桶颜色	Color	字符串/String	人工采样的采样桶、自动降水采样器需填写。
49			购买时间	BuyTime	字符串/String	YYYYMMDD
50			开始使用时间	StartTime	字符串/String	YYYYMMDD
51	纪要	Summary	观测任务	Observation-Type	字符串/String	"地面""辐射""酸雨"
52			纪要标识码	Identification-Code	字符串/String	见代码表A9。
53			纪要日期	Date	字符串/String	不定长记录,包含年、月、日,最大字符数为17。本月内连续多天出现的现象,日期记起、止日期,中间用"－"分隔。辐射和酸雨可不填。
54			纪要文字描述	Description	字符串/String	不定长记录,最大字符数为5000,有关现象文字描述要求简明扼要。如为酸雨观测站环境报告书,编报报告书文件名。
55	备注事项	Remarks	事项时间	Date	字符串/String	具体事项出现日期或起止日期,起、止时间用"－"分隔。若某一事项出现多日时,起、止日

序号	要素分类	要素分类名称	要素名	要素名称	类型	编报说明
55	备注事项	Remarks	事项时间	Date	字符串/String	期为其第一个和最后一个日期。若起、止日期中事项出现有不连续的情况,须在事项说明中分别注明出现的具体时间。 格 式: YYYYMMDD 或 YYYYMMDD—YYYYMMDD
56			事项说明	Explanation	字符串/String	包括对某次或某时段探测记录质量有直接影响的原因、仪器性能不良或故障对探测记录的影响、仪器更换(非换型号)。涉及台站沿革变动的事项放在有关变动项目中录入。辐射观测,需上报场地周围环境变化描述。
57	台站沿革变动	Station-Evolution	变动项目标识	Evolution-Code	字符串/String	见代码表 A10,变动项目标识代码。如某项多次变动,可重复录入。台站位置迁移,其变动标识用"05";台站位置不变,而经纬度、拔海高度因测量方法不同或地址、地理环境改变,其变动标识用"55"。
58			变动时间	EvolutionDate	字符串/String	不定长记录,包含年、月、日,最大字符数为 17。本月内连续多天出现的现象,日期记起、止日期,中间用"—"分隔。
59			变动情况	Evolution-Details	字符串/String	各变动情况数据组为不定长,但不得超过规定的最大字符数 5000。具体见代码表 A10。

A3　代码表

表 A2　WMO 区协代码表

代码	编码	区协名称 （中文）	区协名称 （英文）	站号范围
1	I	非洲	Africa	$60001 \sim 69998$
2	II	亚洲	Asia	$20001 \sim 20099, 20200 \sim 21998, 23001 \sim 25998,$ $28001 \sim 32998, 35001 \sim 36998, 38001 \sim 39998,$ $40350 \sim 48599, 48800 \sim 49998, 50001 \sim 59998$
3	III	南美洲	South America	$80001 \sim 88998$
4	IV	中北美洲	North America Central America and the Caribbean	$70001 \sim 79998$
5	V	西南太平洋	South-Weat Pacific	$48600 \sim 48799, 90001 \sim 98998$
6	VI	欧洲	Europe	$00001 \sim 19998, 20100 \sim 20199, 22001 \sim 22998,$ $26001 \sim 27998, 33001 \sim 34998, 37001 \sim 37998,$ $40001 \sim 40349$
7	VII	南极洲	Stations in the Antarctic	$88963, 88968, 89001 \sim 89998$
8	VIII	固定船舶	Fixed Ship Stations	

表 A3　台站类型代码表

代码	编码	台站类型
1	land station	陆地站
2	sea station	海洋站
3	aircraft	飞行器
4	satellite	卫星
5	underwater platform	水下平台

表 A4　测站类别代码表

观测任务	测站类别代码	测站类别
地面	1	基准站
	2	基本站
	3	一般站（4 次人工观测）
	4	一般站（3 次人工观测）
	5	无人自动观测站
辐射	1	一级站
	2	二级站
	3	三级站
酸雨	3	本底站
	4	独立的大气成分站
	5	独立的酸雨站

表 A5　地面观测方式代码表

代码	观测方式
0	人工观测
1	自动站观测

表 A6　酸雨采样方式代码表

降水采样方式代码	降水采样方式	采样时段代码	采样时段
0	使用降水采样通进行人工采样	0	降水过程采样
1	使用自动降水采样器采样	1	日采样

表 A7　要素名称和观测要素标识顺序

顺序	要素名称	顺序	要素名称
1	气压	11	天气现象
2	气温	12	蒸发量
3	湿球温度和露点温度	13	积雪
4	水汽压	14	电线积冰
5	相对湿度	15	风
6	云量	16	浅层地温
7	云高	17	深层地温
8	云状	18	冻土深度
9	能见度	19	日照时数
10	降水量	20	草面(雪面)温度和地面状态

表 A8　仪器标识符代码表

资料类型	仪器标识符代码	仪器名称	资料类型	仪器标识符代码	仪器名称
地面	1	测云仪	地面	19	E601 型蒸发器(传感器)
	2	水银气压表(传感器)		20	地面温度表(传感器)
	3	气压计		21	地面最高温度表
	4	百叶箱标识		22	地面最低温度表
	5	干球温度表(传感器)		23	草面(雪面)温度传感器
	6	湿球温度表(传感器)		24	5 cm 曲管地温表(传感器)
	7	最高温度表		25	10 cm 曲管地温表(传感器)
	8	最低温度表		26	15 cm 曲管地温表(传感器)
	9	毛发湿度表		27	20 cm 曲管地温表(传感器)
	10	温度计		28	40 cm 直管地温表(传感器)
	11	湿度计(传感器)		29	80 cm 直管地温表(传感器)
	12	风向风速计(传感器)		30	160 cm 直管地温表(传感器)
	13	雨量器		31	320 cm 直管地温表(传感器)
	14	雨量计(传感器)		32	冻土器
	15	量雪尺		33	电线积冰架
	16	量(称)雪器		34	自动气象站
	17	日照计(传感器)		35	观测用微机
	18	小型蒸发器		36	观测用钟(表)

资料类型	仪器标识符代码	仪器名称	资料类型	仪器标识符代码	仪器名称
辐射	YQ	总辐射表	酸雨	YP	pH 计
	YN	净全辐射表		YK	电导率仪
	YD	散射辐射表		YF	复合电极
	YS	直接辐射表		YD	电导电极
	YR	反射辐射表		YT	测温探头(传感器)
	YJ	记录器		YB	人工采样的采样桶
				YS	自动降水采样器

表 A9 纪要标识代码表

观测任务	代码	纪要标识码
地面	01	重要天气现象及其影响
	02	台站附近江、河、湖、海状况
	03	台站附近道路状况
	04	台站附近高山积雪状况
	05	冰雹记载
	06	罕见特殊现象
	07	人工影响局部天气情况
	08	其他事项记载
辐射	01	场地周围环境变化描述
	02	台站需要上报的其他有关事项
酸雨	01	酸雨观测站环境报告书

表 A10 台站沿革变动项目代码和变动情况规定

代码	变动项目	变动情况数据组内容和格式
01	台站名称	指变动后的台站名称。最大字符数为36。
02	区站号	指变动后区站号。格式同"台站参数"部分。
03	台站级别	指"基准站""基本站""一般站""无人站""区域站",为变动后的台站级别。最大字符数为10。
04	所属机构	指气象台站业务管辖部门简称,填到省、部(局)级,为变动后的所属机构。最大字符数为30。
05	台站位置迁移	参数和格式为:纬度/经度/观测场海拔高度/地址/地理环境/距原址距离方向
55	台站位置不变、有关参数变动	其各项参数的规定: 1)纬度:指变动后纬度。格式同"台站参数"部分。 2)经度:指变动后经度。格式同"台站参数"部分。 3)观测场海拔高度:指变动后观测场海拔高度。格式同"台站参数"部分。 4)地址:指变动后地址。最大字符数为42,格式同"月报封面"数据段。 5)地理环境:指变动后地理环境。最大字符数为20,格式同"月报封面"数据段。 6)距原址距离方向:指台站迁址后新观测场距原站址观测场直线距离和方向。由 9 位字符组成,第 1～5 位为距离,第 6 位为分隔符";",第 7～9 位为方位。距离以"m"为单位,位数不足,高位补"0"。方位用 16 方位的大写英文字母表示,位数不足,后位补空格。

代码	变动项目	变动情况数据组内容和格式
06	障碍物	参数和格式为:方位/障碍物名称/仰角/宽度角/距离 1)方位:由 3 位字符组成,用 16 方位的大写英文字母表示,位数不足,后位补空格。若同一方位有两个以上障碍物,选择对观测记录影响较大的障碍物。若同一障碍物影响几个方位时,按所影响的方位分别输入。某方位无障碍物影响,该方位空缺。 2)障碍物名称:最大字符数为 6。指观测场周围对气象观测记录的代表性、准确性、比较性有直接影响的障碍物名称,如"建筑物""树木""山"等。 3)仰角:由 2 位字符组成,位数不足,高位补"0"。指障碍物的高度角,从观测场中心位置测量,单位为"°"。 4)宽度角:由 2 位字符组成,位数不足,高位补"0"。指各方位障碍物的宽度角,从观测场中心位置测量,单位为"°"。 5)距离:由 5 位字符组成,位数不足,高位补"0"。指各方位障碍物距观测场中心的距离,单位为"m"。
07	观测要素增加	指增、减的要素名称:气象观测要素简称。最大字符数为 14。
77	观测要素减少	
08	观测仪器	参数和格式为:要素名称/仪器名称/仪器距地或平台高度/平台距观测场地面高度 其各项参数的规定: 1)要素名称:最大字符数为 14,指气象观测要素简称。 2)仪器名称:最大字符数为 30。指换型后的观测仪器名称,规格型式未变,仅是号码改变的仪器变动不必输入。 3)仪器距地或平台高度:由 6 位字符组成,位数不足,高位补"0"。指观测仪器(感应部分)安装距观测场或观测平台地面高度(注:气压表高度为海拔高度),单位为"0.1 m"。若观测仪器(感应部分)低于观测场地面高度,则在高度前加"—"号。气压、气温、湿度、风、降水、蒸发(小型)、日照等气象要素,应填报此项,其它气象要素器测项目的仪器距地高度变动均予省略。 4)平台距观测场地面高度:由 4 位字符组成,位数不足,高位补"0"。单位为"0.1 m"。
09	观测时制	最大字符数为 10,指变动后的时制。
10	定时观测时间	参数和格式为:观测次数/观测时间 其各项参数的规定: 1)观测次数:指人工定时观测的次数(03 或 04 或 24),不包括辅助观测次数或以自记记录代替的时次,自动观测的次数为"自动"。最大字符数为 2。 2)观测时间:指每日人工定时观测的具体时间,各时次之间用";"分隔,如"02;08;14;20"。每小时观测一次,则用"逐时观测"表示。若连续自动观测,用"某时至某时连续观测"或"24 小时连续观测"表示。最大字符数为 72。
11	夜间守班情况	用"守班"、"不守班"表示。最大字符数为 6。

代码	变动项目	变动情况数据组内容和格式
12	其他变动事项	参数和格式为:时间/变动事项 其各项参数的规定: 1)时间:与"变动时间"相同 2)变动事项:最大字符数为60。指台站所属行政地名改变和对记录质量有直接影响的其他事项(不包括上述代码1~11的变动事项)。
13	附加图像文件 (仅适用于年数据文件)	参数和格式为:图像文件名/图像文字说明 其各项参数的规定: 1)图像文件名:有关灾害性天气事件或台站环境照片或录像等图像文件,其文件名为"YIIiii-YYYY××.JPG(或 TIF、GIF)",其中"YIIiii-YYYY"与地面气象年数据文件相同,"××"为图像文件顺序号。 2)图像文件说明:包括图像名称、拍摄时间、地点、责任者(拍摄单位或个人)、记录长度、图像文件反映的内容介绍等。最大字符数为60。
14	观测记录载体	参数和格式为:时间/变动事项 其各项参数的规定: 1)时间:与"变动时间"相同 2)变动事项:包括观测形成的各种记录簿、记录报表、数据文件及自记或自动观测原始记录载体全称等。
15	观测规范	参数和格式为:时间/变动事项 其各项参数的规定: 1)时间:与"变动时间"相同 2)变动事项:指观测执行的规范全称及版本(或执行日期)。
17	台站周围污染源	参数和格式为:时间/污染物名称/方位/距离 其各项参数的规定: 1)时间:与"变动时间"相同 2)污染物名称:台站周围 20 km 内的污染源,如"化肥厂""农药厂""石油化工厂""火力发电厂""水泥厂""炼焦厂"等大型污染源和 50 km 内的锅炉烟囱等污染源。 3)方位:按 16 方位用大写英文字母表示,各方位污染源分别记录;同一方位有两个以上污染源时,分别记录不同的污染源;同一污染源影响几个方位时,按所影响的方位分别记录。 4)距离:各方位污染源距离观测场中心的距离。

注:其中代码"10"和"11"项为必报项,其余项目如未出现,则该项缺省;如某项多次变动,按代码重复输入。

附录 B　国内地面自动站运行状态和设备信息 XML 编码格式

B1　范围

本格式规定了国内地面自动站的运行状态和设备信息的编码格式、编码规则和代码。

本格式适用于国内地面自动站的运行状态和设备信息的编码传输。

B2　格式

国内地面自动站运行状态和设备信息用 XML 格式进行编码传输,XML 格式采用标准的 XML Schema 进行描述,XML Schema 在 2001 年 5 月 2 日成为 W3C 标准。

Schema 元素引用的命名空间是 xmlns＝http://www.w3.org/2001/XMLSchema。

国内地面自动站运行状态和设备信息主要包括 13 部分内容:基本信息、状态值、设备自检状态、传感器工作状态、电源类状态、工作温度类状态、加热部件工作状态、通风部件工作状态、通信类工作状态、窗口污染类工作状态、设备工作状况状态、设备状态信息和设备维护信息。相应的每一个地面自动站运行状态和设备信息 XML 文件都包括一个＜StateAndInformationOfStation＞复合元素,该复合元素包括 13 个子元素:＜StationInformation＞,＜StateValue＞,＜Self-test＞,＜Sensor＞,＜Power＞,＜Temperature＞,＜HeatingElement＞,＜VentilationComponents＞,＜Communication＞,＜WindowContamination＞,＜WorkStatus＞,＜StatusInformaiton＞和＜MaintenanceInformaiton＞。每一类子元素还是复合元素,其又包括不同的元素字段,具体内容见表 B1。

表 B1　地面自动站运行状态和设备信息要素字典

序号	要素分类	要素分类名称	要素名	要素名称	类型	备注
1	基本信息	Station Information	区站号	StationID	字符串/String	台站指定的一个唯一标识符。
2			纬度	Latitudes	字符串/String	长度 6 字节,按度分秒记录,均为 2 位,高位不足补"0",台站纬度未精确到秒时,秒固定记录"00"
3			经度	Longitudes	字符串/String	长度 7 字节,按度分秒记录,度为 3 位,分秒为 2 位,高位不足补"0",台站经度未精确到秒时,秒固定记录"00"
4			时间	DateTime	字符串/String	格式：YYYYMMDDHHmmss

序号	要素分类	要素分类名称	要素名	要素名称	类型	备注
5			计算机与子站的通信状态	Communication	整数/Integer	0:正常;1:不正常
6			气压传感器是否开通	Pressure	整数/Integer	0:开通;1:未开通
7			气温传感器是否开通	Temperature	整数/Integer	0:开通;1:未开通
8			湿球温度传感器是否开通	Wetbulb-Temperature	整数/Integer	0:开通;1:未开通
9			湿敏电容传感器是否开通	Humidity	整数/Integer	0:开通;1:未开通
10			风向传感器是否开通	WindDirection	整数/Integer	0:开通;1:未开通
11			风速传感器是否开通	WindSpeed	整数/Integer	0:开通;1:未开通
12	状态值	StateValue	雨量传感器是否开通	Rainfall	整数/Integer	0:开通;1:未开通
13			感雨传感器是否开通	Rain	整数/Integer	0:开通;1:未开通
14			草面温度传感器是否开通	Grass-Temperature	整数/Integer	0:开通;1:未开通
15			地面温度传感器是否开通	Ground-Temperature	整数/Integer	0:开通;1:未开通
16			5 cm 地温传感器是否开通	Ground-Temperature−5 cm	整数/Integer	0:开通;1:未开通
17			10 cm 地温传感器是否开通	Ground-Temperature−10 cm	整数/Integer	0:开通;1:未开通
18			15 cm 地温传感器是否开通	Ground-Temperature−15 cm	整数/Integer	0:开通;1:未开通

续表

序号	要素 分类	要素分类 名称	要素名	要素名称	类型	备注
19			20 cm 地温传感 器是否开通	Ground- Temperature —20 cm	整数 /Integer	0:开通;1:未开通
20			40 cm 地温传感 器是否开通	Ground- Temperature —40 cm	整数 /Integer	0:开通;1:未开通
21			80 cm 地温传感 器是否开通	Ground- Temperature —80 cm	整数 /Integer	0:开通;1:未开通
22			160 cm 地温传 感器是否开通	Ground- Temperature —160 cm	整数 /Integer	0:开通;1:未开通
23			320 cm 地温传 感器是否开通	Ground- Temperature —320 cm	整数 /Integer	0:开通;1:未开通
24			蒸发传感器 是否开通	Evaporation	整数 /Integer	0:开通;1:未开通
25	状态值	StateValue	日照传感器 是否开通	Sunshine	整数 /Integer	0:开通;1:未开通
26			能见度传感器 是否开通	Visibility	整数 /Integer	0:开通;1:未开通
27			云量传感器 是否开通	CloudAmount	整数 /Integer	0:开通;1:未开通
28			云高传感器 是否开通	CloudHeight	整数 /Integer	0:开通;1:未开通
29			子站是否修改 了时钟	Sub-Station- Clock	整数 /Integer	0:修改;1:未修改
30			采集器数据是 否正确读取	DataCollection	整数 /Integer	0:读取成功;1:读取失败
31			供电方式	PowerSupply	字符串 /String	0:市电;1:备份电源;/:不 能获取

序号	要素分类	要素分类名称	要素名	要素名称	类型	备注
32			采集器主板电压	Motherboard-Voltage	实型/Decimal	单位:V,保留1位小数,不能获取时,用"999999.0"表示
33			采集器主板温度	Motherboard-Temperature	实型/Decimal	单位:V,保留1位小数,不能获取时,用"999999.0"表示
34			采集器通讯状态	Collector-Communication	整数/Integer	0:正常;1:不正常
35			机箱温度	Chassis-Temperature	实型/Decimal	单位:℃,保留1位小数,不能获取时,用"999999.0"表示
36			电源电压	PowerVoltage	实型/Decimal	单位:V,保留1位小数,不能获取时,用"999999.0"表示
37			太阳直接辐射表是否开通	Solar	整数/Integer	0:开通;1:未开通
38	状态值	StateValue	太阳直接辐射表通风是否正常	Solar-Ventilation	整数/Integer	0:正常;1:不正常
39			跟踪器状态是否正常	Tracker	整数/Integer	0:正常;1:不正常
40			散射辐射表是否开通	Scattering	整数/Integer	0:开通;1:未开通
41			散射辐射表通风是否正常	Scattering-Ventilation	整数/Integer	0:正常;1:不正常
42			总辐射表是否开通	Pyranometer	整数/Integer	0:开通;1:未开通
43			总辐射表通风是否正常	Pyranometer-Ventilation	整数/Integer	0:正常;1:不正常
44			反射辐射表是否开通	Reflection	整数/Integer	0:开通;1:未开通
45			反射辐射表通风是否正常	Reflection-Ventilation	整数/Integer	0:正常;1:不正常

续表

序号	要素分类	要素分类名称	要素名	要素名称	类型	备注
46	状态值	StateValue	大气长波辐射表是否开通	LongWave	整数/Integer	0:开通;1:未开通
47			大气长波辐射表通风是否正常	LongWave-Ventilation	整数/Integer	0:正常;1:不正常
48			大气长波辐射表腔体温度是否正常	LongWave-Temperature	整数/Integer	0:正常;1:不正常
49			地球长波辐射表是否开通	EarthWave	整数/Integer	0:开通;1:未开通
50			地球长波辐射表通风是否正常	EarthWave-Ventilation	整数/Integer	0:正常;1:不正常
51			地球长波辐射表腔体温度是否正常	EarthWave-Temperature	整数/Integer	0:正常;1:不正常
52			紫外辐射表是否开通	Ultraviolet	整数/Integer	0:开通;1:未开通
53			紫外辐射表恒温器温度是否正常	Ultraviolet-Temperature	整数/Integer	0:正常;1:不正常
54			光合有效辐射表是否开通	PARMeter	整数/Integer	0:开通;1:未开通
55	设备自检状态	Self-test	设备自检状态	Instrument	整数/Integer	0:正常;1:不正常
56			气候分采自检状态	Climate	整数/Integer	0:正常;1:不正常
57			地温分采自检状态	Ground-Temperature	整数/Integer	0:正常;1:不正常
58			温湿分采自检状态	Humidity	整数/Integer	0:正常;1:不正常
59			辐射分采自检状态	Radiation	整数/Integer	0:正常;1:不正常

序号	要素分类	要素分类名称	要素名	要素名称	类型	备注
60	传感器工作状态	Sensor	传感器工作状态	SensorWorking	整数/Integer	0:正常;1:异常;2:故障
61			1.5 m气温传感器状态	Temperature−1.5 m	整数/Integer	0:正常;1:异常;2:故障
62			草面温度传感器状态	GrassSurface	整数/Integer	0:正常;1:异常;2:故障
63			地表温度传感器状态	Surface	整数/Integer	0:正常;1:异常;2:故障
64			5 cm地温传感器状态	Ground−5 cm	整数/Integer	0:正常;1:异常;2:故障
65			浅层10 cm地温传感器的工作状态	Ground−10 cm	整数/Integer	0:正常;1:异常;2:故障
66			浅层15 cm地温传感器的工作状态	Ground−15 cm	整数/Integer	0:正常;1:异常;2:故障
67			浅层20 cm地温传感器的工作状态	Ground−20 cm	整数/Integer	0:正常;1:异常;2:故障
68			深层40 cm地温传感器的工作状态	Ground−40 cm	整数/Integer	0:正常;1:异常;2:故障
69			深层80 cm地温传感器的工作状态	Ground−80 cm	整数/Integer	0:正常;1:异常;2:故障
70			深层160 cm地温传感器的工作状态	Ground−160 cm	整数/Integer	0:正常;1:异常;2:故障
71			深层320 cm地温传感器的工作状态	Ground−320 cm	整数/Integer	0:正常;1:异常;2:故障
72			液面温度传感器的工作状态	Surface-Temperature	整数/Integer	0:正常;1:异常;2:故障

序号	要素分类	要素分类名称	要素名	要素名称	类型	备注
73	传感器工作状态	Sensor	冰点温度传感器的工作状态	Freezing-Temperature	整数/Integer	0:正常;1:异常;2:故障
74			1.5 m相对湿度传感器的工作状态	Relative-Humidity—1.5 m	整数/Integer	0:正常;1:异常;2:故障
75			风向传感器的工作状态	WindDirection	整数/Integer	0:正常;1:异常;2:故障
76			风速传感器的工作状态	WindSpeed	整数/Integer	0:正常;1:异常;2:故障
77			气压传感器的工作状态	Pressure	整数/Integer	0:正常;1:异常;2:故障
78			雨量传感器（非称重方式）的工作状态	NoWeighing-Raingauge	整数/Integer	0:正常;1:异常;2:故障
79			称重雨量传感器的工作状态	Weighing-Raingauge	整数/Integer	0:正常;1:异常;2:故障
80			蒸发传感器的工作状态	Evaporation	整数/Integer	0:正常;1:异常;2:故障
81			总辐射表传感器的工作状态	Pyranometer	整数/Integer	0:正常;6:未开通
82			反射辐射表传感器的工作状态	Reflection	整数/Integer	0:正常;6:未开通
83			直接辐射表传感器的工作状态	Direct	整数/Integer	0:正常;6:未开通
84			散射辐射表传感器的工作状态	Scattering	整数/Integer	0:正常;6:未开通
85			净辐射表传感器的工作状态	Net-Pyranometer	整数/Integer	0:正常;1:异常;2:故障

续表

序号	要素分类	要素分类名称	要素名	要素名称	类型	备注
86	传感器工作状态	Sensor	紫外(A+B)辐射表传感器的工作状态	Ultraviolet-AB	整数/Integer	0:正常;6:未开通
87			紫外A辐射表传感器的工作状态	Ultraviolet-A	整数/Integer	0:正常;1:异常;2:故障
88			紫外B辐射表传感器的工作状态	Ultraviolet-B	整数/Integer	0:正常;1:异常;2:故障
89			光合有效辐射表传感器的工作状态	PARMeter	整数/Integer	0:正常;6:未开通
90			大气长波辐射表传感器的工作状态	LongWave	整数/Integer	0:正常;6:未开通
91			地面长波辐射表传感器的工作状态	GroundWave	整数/Integer	0:正常;6:未开通
92			日照传感器的工作状态	Sunshine	整数/Integer	0:正常;1:异常;2:故障
93			云高传感器的工作状态	CloudHeight	整数/Integer	0:正常;1:异常;2:故障
94			云量传感器仪的工作状态	CloudAmount	整数/Integer	0:正常;1:异常;2:故障
95			云状传感器仪的工作状态	CloudForm	整数/Integer	0:正常;1:异常;2:故障
96			能见度仪的工作状态	Visibility-Instrument	整数/Integer	0:正常;1:异常;2:故障
97			天气现象仪的工作状态	Phenomenon-Instrument	整数/Integer	0:正常;1:异常;2:故障
98			天线结冰传感器的工作状态	AntennaIcing	整数/Integer	0:正常;1:异常;2:故障
99			路面状况传感器的工作状态	RoadCondition	整数/Integer	0:正常;1:异常;2:故障

序号	要素分类	要素分类名称	要素名	要素名称	类型	备注
100			外接电源	ExternalPower	整数/Integer	6:交流;7:直流;8:未接外部电源
101			气候分采外接电源状态	Climate	整数/Integer	6:交流;7:直流;8:未接外部电源
102			地温分采外接电源状态	Ground-Temperature	整数/Integer	6:交流;7:直流;8:未接外部电源
103			温湿分采外接电源状态	Humidity	整数/Integer	6:交流;7:直流;8:未接外部电源
104			辐射分采外接电源状态	Radiation	整数/Integer	6:交流;7:直流;8:未接外部电源
105			设备/主采主板电压状态	Instrument-Voltage	整数/Integer	0:正常;3:偏高;4:偏低
106	电源类状态	Power	气候分采的主板电压状态	ClimateVoltage	整数/Integer	0:正常;3:偏高;4:偏低
107			地温分采的主板电压状态	Ground-Temperature-Voltage	整数/Integer	0:正常;3:偏高;4:偏低
108			温湿分采的主板电压状态	Humidity-Voltage	整数/Integer	0:正常;3:偏高;4:偏低
109			辐射分采的主板电压状态	Radiation-Voltage	整数/Integer	0:正常;3:偏高;4:偏低
110			图像主采主板工作电压状态	ImageVoltage	整数/Integer	0:正常;3:偏高;4:偏低
111			蓄电池电压状态	BatteryVoltage	整数/Integer	0:正常;3:偏高;4:偏低;5:停止
112			AC-DC电压状态	AC-DC Voltage	整数/Integer	0:正常;3:偏高;4:偏低;5:停止
113			遮阳板工作电压状态	VisorVoltage	整数/Integer	0:正常;3:偏高;4:偏低;5:停止
114			旋转云台工作电压状态	TiltHead-Voltage	整数/Integer	0:正常;3:偏高;4:偏低;5:停止

续表

序号	要素分类	要素分类名称	要素名	要素名称	类型	备注
115	电源类状态	Power	设备/主采工作电流状态	Instrument-Current	整数/Integer	0:正常;3:偏高;4:偏低;5:停止
116			气温分采的工作电流状态	Temperature-Current	整数/Integer	0:正常;3:偏高;4:偏低;5:停止
117			地温分采的工作电流状态	Ground-Temperature-Current	整数/Integer	0:正常;3:偏高;4:偏低;5:停止
118			温湿分采的工作电流状态	Humidity-Current	整数/Integer	0:正常;3:偏高;4:偏低;5:停止
119			辐射分采的工作电流状态	Radiation-Current	整数/Integer	0:正常;3:偏高;4:偏低;5:停止
120			太阳能电池板状态	SolarPanels	整数/Integer	长度1字节,取值为0或2
121	工作温度类状态	Temperature	设备/主采主板环境温度状态	Instrument	整数/Integer	0:正常;3:偏高;4:偏低
122			气温分采的主板温度状态	Temperature	整数/Integer	0:正常;3:偏高;4:偏低
123			地温分采的主板温度状态	Ground-Temperature	整数/Integer	0:正常;3:偏高;4:偏低
124			温湿分采的主板温度状态	Humidity	整数/Integer	0:正常;3:偏高;4:偏低
125			辐射分采的主板温度状态	Radiation-Motherboard	整数/Integer	0:正常;3:偏高;4:偏低
126			探测器温度状态	Probe	整数/Integer	0:正常;3:偏高;4:偏低
127			腔体温度状态	Chassis	整数/Integer	0:正常;3:偏高;4:偏低
128			总辐射表腔体温度状态	Pyranometer-Cavity	整数/Integer	0:正常;1:异常
129			反射辐射表腔体温度状态	Reflection-Cavity	整数/Integer	0:正常;1:异常

序号	要素分类	要素分类名称	要素名	要素名称	类型	备注
130			直接辐射表腔体温度状态	DirectCavity	整数/Integer	0:正常;1:异常
131			散射辐射表腔体温度状态	Scattering-Cavity	整数/Integer	0:正常;1:异常
132			净辐射表腔体温度状态	NetPyranometer-Cavity	整数/Integer	0:正常;1:异常
133			紫外(A+B)辐射表腔体温度状态	Ultraviolet-Cavity-AB	整数/Integer	0:正常;1:异常
134			紫外 A 辐射表腔体温度状态	Ultraviolet-Cavity-A	整数/Integer	0:正常;1:异常
135			紫外 B 辐射表腔体温度状态	Ultraviolet-Cavity-B	整数/Integer	0:正常;1:异常
136	工作温度类状态	Temperature	光合有效辐射表腔体温度状态	PARMeter-Cavity	整数/Integer	0:正常;1:异常
137			大气长波辐射表腔体温度状态	LongWave-Cavity	整数/Integer	0:正常;1:异常
138			地面长波辐射表腔体温度状态	GroundWave-Cavity	整数/Integer	0:正常;1:异常
139			恒温器温度状态	Thermostat	整数/Integer	0:正常;1:异常
140			总辐射表恒温器温度状态	Pyranometer-Thermostat	整数/Integer	0:正常;1:异常
141			反射辐射表恒温器温度状态	Reflection-Thermostat	整数/Integer	0:正常;1:异常
142			直接辐射表恒温器温度状态	Direct-Thermostat	整数/Integer	0:正常;1:异常
143			散射辐射表恒温器温度状态	Scattering-Thermostat	整数/Integer	0:正常;1:异常
144			净辐射表恒温器温度状态	NetPyranometer-Thermostat	整数/Integer	0:正常;1:异常

续表

序号	要素分类	要素分类名称	要素名	要素名称	类型	备注
145	工作温度类状态	Temperature	紫外（A＋B）辐射表恒温器温度状态	Ultraviolet-Thermostat-AB	整数/Integer	0：正常；1：异常
146			紫外 A 辐射表恒温器温度状态	Ultraviolet-Thermostat-A	整数/Integer	0：正常；1：异常
147			紫外 B 辐射表恒温器温度状态	Ultraviolet-Thermostat-B	整数/Integer	0：正常；1：异常
148			光合有效辐射表恒温器温度状态	PARMeter-Thermostat	整数/Integer	0：正常；1：异常
149			大气长波辐射表恒温器温度状态	LongWave-Thermostat	整数/Integer	0：正常；1：异常
150			地面长波辐射表恒温器温度状态	GroundWave-Thermostat	整数/Integer	0：正常；1：异常
151			机箱温度状态	Chassis-Temperature	整数/Integer	0：正常；3：偏高；4：偏低
152	加热部件工作状态	Heating-Element	设备加热	Equipment-Heating	整数/Integer	0：正常；2：故障；3：偏高；4：偏低
153			发射器加热	Transmitter-Heating	整数/Integer	0：正常；2：故障；3：偏高；4：偏低
154			接收器加热	Receiver-Heating	整数/Integer	0：正常；2：故障；3：偏高；4：偏低
155			相机加热	CameraHeating	整数/Integer	0：正常；2：故障；3：偏高；4：偏低
156			摄像机加热	VideoCamera-Heating	整数/Integer	0：正常；2：故障；3：偏高；4：偏低
157	通风部件工作状态	Ventilation-Components	设备通风状态	Instrument	整数/Integer	0：正常；2：故障；3：偏高；4：偏低
158			发射器通风状态	Transmitter	整数/Integer	0：正常；2：故障；3：偏高；4：偏低
159			接收器通风状态	Receiver	整数/Integer	0：正常；2：故障；3：偏高；4：偏低

续表

序号	要素分类	要素分类名称	要素名	要素名称	类型	备注
160			通风罩通风状态	Hood	整数/Integer	0:正常;2:异常;3:偏高;4:偏低
161			气温观测通风罩速度	HoodSpeed	整数/Integer	0:正常;2:异常;3:偏高;4:偏低
162			总辐射表通风状态	Pyranometer	整数/Integer	0:正常;1:异常
163			反射辐射表通风状态	Reflection	整数/Integer	0:正常;1:异常
164			直接辐射表通风状态	Direct	整数/Integer	0:正常;1:异常
165			散射辐射表通风状态	Scattering	整数/Integer	0:正常;1:异常
166	通风部件工作状态	Ventilation-Components	净辐射表通风状态	Net-Pyranometer	整数/Integer	0:正常;1:异常
167			紫外(A+B)辐射表通风状态	Ultraviolet-AB	整数/Integer	0:正常;1:异常
168			紫外A辐射表通风状态	Ultraviolet-A	整数/Integer	0:正常;1:异常
169			紫外B辐射表风状态	Ultraviolet-B	整数/Integer	0:正常;1:异常
170			光合有效辐射表通风状态	PARMeter	整数/Integer	0:正常;1:异常
171			大气长波辐射表通风状态	LongWave	整数/Integer	0:正常;1:异常
172			地面长波辐射表通风状态	GroundWave	整数/Integer	0:正常;1:异常
173	通信类工作状态	Communication	设备(主采)到串口服务器或PC终端连接的通信状态	Connection	整数/Integer	0:正常;1:异常

续表

序号	要素分类	要素分类名称	要素名	要素名称	类型	备注
174	通信类工作状态	Communication	总线状态(设备与分采或其他智能传感器的总线状态指示)	Bus	整数/Integer	0:正常;1:异常;2:故障
175			RS232/485/422 状态	RS232-485-422	整数/Integer	0:正常;1:异常;2:故障
176			气温分采的RS232/485/422 状态	Temperature RS232-485-422	整数/Integer	0:正常;1:异常;2:故障
177			地温分采的RS232/485/422 状态	Ground-Temperature RS232-485-422	整数/Integer	0:正常;1:异常;2:故障
178			温湿分采的RS232/485/422 状态	HumidityRS 232-485-422	整数/Integer	0:正常;1:异常;2:故障
179			辐射分采的RS232/485/422 状态	RadiationRS 232-485-422	整数/Integer	0:正常;1:异常;2:故障
180			RJ45/LAN通信状态	RJ45-LAN	整数/Integer	0:正常;1:异常;2:故障
181			卫星通信状态	Satellite	整数/Integer	0:正常;1:异常;2:故障
182			无线通信状态	Wireless	整数/Integer	0:正常;1:异常;2:故障
183			光纤通信状态	OpticalFiber	整数/Integer	0:正常;1:异常;2:故障
184	窗口污染类工作状态	Window-Contamination	窗口污染情况	Window	整数/Integer	0:正常;6:轻微;7:一般;8:重度
185			探测器污染情况	Detector	整数/Integer	0:正常;6:轻微;7:一般;8:重度
186			相机镜头污染情况	CameraLens	整数/Integer	0:正常;6:轻微;7:一般;8:重度
187			摄像机镜头污染情况	Video-CameraLens	整数/Integer	0:正常;6:轻微;7:一般;8:重度

序号	要素分类	要素分类名称	要素名	要素名称	类型	备注
188			发射器能量	Transmitter-Power	整数/Integer	0:正常;3:偏高;4:偏低
189			接收器状态	Receiver	整数/Integer	0:正常;1:异常;2:故障
190			发射器状态	Transmitter	整数/Integer	0:正常;1:异常;2:故障
191			遮阳板工作状况	Visor	整数/Integer	0:正常;1:异常;2:故障
192			旋转云台工作状况	TiltHead	整数/Integer	0:正常;1:异常;2:故障
193			摄像机工作状况	VideoCamera	整数/Integer	0:正常;1:异常;2:故障
194			相机工作状况	Camera	整数/Integer	0:正常;1:异常;2:故障
195	设备工作状况状态	WorkStatus	跟踪器状态	Tracker	整数/Integer	0:正常;1:异常
196			采集器运行状态	Collector	整数/Integer	0:正常;1:异常;2:故障
197			气温分采的采集器运行状态	Temperature	整数/Integer	0:正常;1:异常;2:故障
198			地温分采的采集器运行状态	Ground-Temperature	整数/Integer	0:正常;1:异常;2:故障
199			温湿分采的采集器运行状态	Humidity	整数/Integer	0:正常;1:异常;2:故障
200			辐射分采的采集器运行状态	Radiation	整数/Integer	0:正常;1:异常;2:故障
201			AD状态	AD	整数/Integer	0:正常;1:异常;2:故障
202			气温分采的AD状态	TemperatureAD	整数/Integer	0:正常;1:异常;2:故障

序号	要素分类	要素分类名称	要素名	要素名称	类型	备注
203			地温分采的AD状态	Ground-TemperatureAD	整数/Integer	0:正常;1:异常;2:故障
204			温湿分采的AD状态	HumidityAD	整数/Integer	0:正常;1:异常;2:故障
205			辐射分采的AD状态	RadiationAD	整数/Integer	0:正常;1:异常;2:故障
206			计数器状态	Counter	整数/Integer	0:正常;1:异常;2:故障
207			气温分采的计数器状态	Temperature-Counter	整数/Integer	0:正常;1:异常;2:故障
208			地温分采的计数器状态	Ground-Temperature-Counter	整数/Integer	0:正常;1:异常;2:故障
209			温湿分采的计数器状态	Humidity-Counter	整数/Integer	0:正常;1:异常;2:故障
210	设备工作状况状态	WorkStatus	辐射分采的计数器状态	Radiation-Counter	整数/Integer	0:正常;1:异常;2:故障
211			门状态	Gate	整数/Integer	0:正常;1:异常;2:故障
212			气温分采的门状态	Temperature-Gate	整数/Integer	0:正常;1:异常;2:故障
213			地温分采的门状态	Ground-Temperature-Gate	整数/Integer	0:正常;1:异常;2:故障
214			温湿分采的门状态	HumidityGate	整数/Integer	0:正常;1:异常;2:故障
215			辐射分采的门状态	RadiationGate	整数/Integer	0:正常;1:异常;2:故障
216			进水状态	Water	整数/Integer	0:正常;1:异常
217			移位状态	Displacement	整数/Integer	0:正常;1:异常

序号	要素分类	要素分类名称	要素名	要素名称	类型	备注
218	设备工作状况状态	WorkStatus	水位状态	WaterLevel	整数/Integer	0:正常;2:故障;3:偏高;4:偏低
219			称重传感器盛水桶水位状态	WeighingSensor	整数/Integer	0:正常;2:故障;3:偏高;4:偏低
220			蒸发池(皿)水位状态	Evaporation-Ponds	整数/Integer	0:正常;2:故障;3:偏高;4:偏低
221			外存储卡状态	External-MemoryCard	整数/Integer	0:正常;2:故障;4:偏低
222			部件转速状态	PartsSpeed	整数/Integer	0:正常;2:故障;3:偏高;4:偏低
223			部件振动频率状态	PartsVibration-Frequency	整数/Integer	0:正常;2:故障;3:偏高;4:偏低
224			定位辅助设备工作状态	PositioningAid	整数/Integer	0:正常;1:异常;2:故障
225			对时辅助设备工作状态	CalibrationTime-Equipment	整数/Integer	0:正常;1:异常;2:故障
226	设备状态信息	Status-Informaiton	设备状态	Instrument-Status	字符串/String	自由文本,最大位数255
227			设备名称	Instrument-Name	字符串/String	自由文本,最大位数255
228			设备路径	Instrument-Path	字符串/String	自由文本,最大位数255
229			观测员	Observer	字符串/String	自由文本,最大位数255
230			开始时间	StartTime	字符串/String	格式: YYYYMMDDHHmmss
231			结束时间	EndTime	字符串/String	格式: YYYYMMDDHHmmss
232			操作内容	Operation-Content	字符串/String	自由文本,最大位数5000

序号	要素分类	要素分类名称	要素名	要素名称	类型	备注
233	设备维护信息	Maintenance-Informaiton	台站名称	StationName	字符串/String	自由文本,最大位数 255
234			设备名称	Instrument-Name	字符串/String	自由文本,最大位数 255
235			故障时间	Downtime	字符串/String	格式:YYYYMMDDHmmss
236			故障现象	Fault-Phenomenon	字符串/String	自由文本,最大位数 5000
237			故障类型	FaultType	字符串/String	自由文本,最大位数 255
238			故障原因	FaultCause	字符串/String	自由文本,最大位数 255
239			维修情况	Maintenance	字符串/String	自由文本,最大位数 5000
240			维修人	Maintenance-Man	字符串/String	自由文本,最大位数 20
241			维修开始时间	Maintenance-StartTime	字符串/String	格式:YYYYMMDDHmmss
242			维修结束时间	Maintenance-EndtTime	字符串/String	格式:YYYYMMDDHmmss

附录 C　国内地面分钟观测数据 BUFR 编码格式(V23.1.7)

C1　范围

本格式规定了国内地面分钟观测要素资料及其质量控制码的编码格式、编报规则和代码，适用于国内固定陆地测站的地面分钟观测要素的编报和传输。

C2　格式

编码数据由指示段、标识段、数据描述段、数据段和结束段构成。

C2.1　0 段——指示段

指示段包括 BUFR 编码数据的起始标志、BUFR 编码数据的长度和 BUFR 的版本号(见表 C1)。

表 C1　指示段编码说明

八位组	含义	值
1—4	BUFR 数据的起始标志	4 个字符"BUFR"
5—7	BUFR 数据长度(以八位组为单位)	BUFR 数据的总长度
8	BUFR 编码版本号	现行版本号为 4

注:8 个比特称为 1 个八位组。

C2.2　1 段——标识段

标识段指示数据编码的主表标识、数据源中心、数据类型、数据子类型、表格版本号、数据的生产时间等信息(见表 C2)。

表 C2　标识段编码说明

八位组	含义	值	说　明
1—3	标识段段长(以八位组为单位)	23	标识段的长度(单位为八位组)
4	BUFR 主表标志	0	使用标准的 WMO FM—94 BUFR 表
5—6	数据源中心	38	北京
7—8	数据源子中心	0	未被子中心加工过
9	更新序列号	非负整数	原始编号为 0,其后,随资料更新编号逐次增加
10	2 段选编段指示	0	表示此数据不包含选编段
11	数据类型	0	表示地面资料—陆地(表 A)
12	国际数据子类型	7	来自 AWS 测站的 n 分钟观测(公共代码表 C-13)
13	国内数据子类型	0	未定义本地数据子类型
14	主表版本号	23	BUFR 主表的版本号
15	本地表版本号	1	表示本地表版本号为 1
16—17	年(世界时)	正整数	数据编报时间:年(4 位公元年)
18	月(世界时)	正整数	数据编报时间:月
19	日(世界时)	正整数	数据编报时间:日
20	时(世界时)	非负整数	数据编报时间:时

八位组	含义	值	说　明
21	分(世界时)	非负整数	数据编报时间:分
22	秒(世界时)	非负整数	数据编报时间:秒
23	自定义	0	为本地自动数据处理中心保留

注1:表中数据编报时间使用世界时(UTC)。

C2.3　3段——数据描述段

数据描述段主要指示 BUFR 资料的数据子集数目、是否压缩以及数据段中所编数据的要素描述符(见表 C3)。

表 C3　数据描述段编码说明

八位组	含义	说明
1—3	数据描述段段长	置9,表示数据描述段的长度为9个八位组。
4	保留位	置0
5—6	数据子集数	非负整数,表示 BUFR 报文中包含的观测记录数。
7	数据性质和压缩方式	置128,即二进制编码为10000000,左起第一个比特置1,表示观测数据,第二个比特置0,表示采用非压缩格式。
8—9	国内地面分钟观测资料	3 07 192*

* 3 07 192 为国内本地模板,模板展开见表 C4。

C2.4　4段——数据段

数据段包括本段段长、保留字段以及数据描述段中的描述符(3 07 192)展开后的所有要素描述符对应数据的编码值(见表 C4)。

表 C4　数据段编码说明

内容		含义	单位	比例因子	基准值	数据宽度(比特)
数据段段长		数据段长度(以八位组为单位)	数字	0	0	24
保留字段		置 0	数字	0	0	8
测站基本信息						
3 01 004	0 01 001	WMO 区号	数字	0	0	7
	0 01 002	WMO 站号	数字	0	0	10
	0 01 015	站名	字符	0	0	160
	0 02 001	测站类型	代码表	0	0	2
0 01 101		国家和地区标识符	代码表	0	0	10
自定义 0 01 192		本地测站标识	字符	0	0	72
3 01 011	0 04 001	年(世界时)	a	0	0	12
	0 04 002	月(世界时)	mon	0	0	4
	0 04 003	日(世界时)	d	0	0	6
3 01 012	0 04 004	时(世界时)	h	0	0	5
	0 04 005	分(世界时)	min	0	0	6

内容		含义	单位	比例因子	基准值	数据宽度（比特）
3 01 021	0 05 001	纬度（高精度）	°	5	−9000000	25
	0 06 001	经度（高精度）	°	5	−18000000	26
0 07 030		平均海平面以上测站地面高度	m	1	−4000	17
0 07 031		平均海平面以上气压表高度	m	1	−4000	17
0 08 010		地面限定符（温度数据）	代码表	0	0	5
1 01 002		后面1个描述符重复2次（第1次是台站质量控制标识，第2次是省级质量控制标识）				
0 33 035		人工/自动质量控制	代码表	0	0	4
2 04 008		增加附加字段				
0 31 021		附加字段意义=62（自定义）	代码表	0	0	6
气压						
自定义 0 02 201		本地地面传感器标识（气压）	代码表	0	0	3
0 04 015		时间增量（=−n分）	min	0	−2048	12
0 04 065		短时间增量（=1分）	min	0	−128	8
1 02 000		2个描述符的延迟重复				
0 31 001		延迟描述符重复因子（=n）	数字	0	0	8
0 10 004		气压	Pa	−1	0	14
0 10 051		海平面气压	Pa	−1	0	14
温度和湿度						
1 01 002		后面1个描述符重复2次（温度传感器、湿度传感器）				
自定义 0 02 201		本地地面传感器标识	代码表	0	0	3
0 07 032		传感器离本地地面（或海上平台甲板）的高度	m	2	0	16
0 07 033		传感器离水面的高度	m	1	0	12
0 04 015		时间增量（=−n分）	min	0	−2048	12
0 04 065		短时间增量（=1分）	min	0	−128	8
1 04 000		4个描述符的延迟重复				
0 31 001		延迟描述符重复因子（=n）	数字	0	0	8
0 12 001		气温	K	1	0	12
0 12 003		露点温度	K	1	0	12
0 13 003		相对湿度	%	0	0	7
0 13 004		水汽压	Pa	−1	0	10
0 07 032		传感器离本地地面高度（设为缺测值以取消以前的值）	m	2	0	16
0 07 033		传感器离水面的高度（设为缺测值以取消以前的值）	m	1	0	12

内容	含义	单位	比例因子	基准值	数据宽度（比特）
降水					
自定义 0 02 201	本地地面传感器标识（降水）	代码表	0	0	3
0 07 032	传感器离本地地面（或海上平台甲板）的高度	m	2	0	16
0 07 033	传感器离水面的高度	m	1	0	12
0 02 175	降水测量方法	代码表	0	0	4
1 01 000	1 个描述符的延迟重复				
0 31 001	延迟描述符重复因子（＝n）	数字	0	0	8
0 13 011	分钟降水量	kg·m^{-2}	1	−1	14
0 07 032	传感器离本地地面高度（设为缺测值以取消以前的值）	m	2	0	16
0 07 033	传感器离水面的高度（设为缺测值以取消以前的值）	m	1	0	12
风					
1 01 002	后面 1 个描述符重复 2 次（风向、风速）				
自定义 0 02 201	本地地面传感器标识	代码表	0	0	3
0 07 032	传感器离本地地面（或海上平台甲板）的高度	m	2	0	16
0 07 033	传感器离水面的高度	m	1	0	12
0 04 015	时间增量（＝−n 分）	min	0	−2048	12
0 04 065	短时间增量（＝1 分）	min	0	−128	8
1 08 000	8 个描述符的延迟重复				
0 31 001	延迟描述符重复因子（＝n）	数字	0	0	8
0 08 021	时间意义（＝2）时间平均	代码表	0	0	5
1 03 003	3 个描述符重复 3 次				
0 04 025	时间周期（第 1 次重复＝−10 表示 10 分钟平均；第 2 次重复＝−2 表示 2 分钟平均；第 3 次重复＝−1 表示 1 分钟平均）	min	0	−2048	12
0 11 001	风向	°(degree true)	0	0	9
0 11 002	风速	m·s^{-1}	1	0	12
0 08 021	时间意义（＝缺省值）	代码表	0	0	5
0 11 043	1 分钟内极大风速的风向	°(degree true)	0	0	9

内容	含义	单位	比例因子	基准值	数据宽度（比特）
0 11 041	1分钟内极大风速	m·s^{-1}	1	0	12
0 07 032	传感器离本地地面高度（设为缺测值以取消以前的值）	m	2	0	16
0 07 033	传感器离水面的高度（设为缺测值以取消以前的值）	m	1	0	12
地表温度、浅层和深层地温					
1 01 009	后面1个描述符重复9次（地表温度、5 cm地温、10 cm地温、15 cm地温、20 cm地温、40 cm地温、80 cm地温、160 cm地温、320 cm地温）				
自定义 0 02 201	本地地面传感器标识	代码表	0	0	3
0 04 015	时间增量（＝－n分）	min	0	－2048	12
0 04 065	短时间增量（＝1分）	min	0	－128	8
1 05 000	5个描述符的延迟重复				
0 31 001	延迟描述符重复因子（＝n）	数字	0	0	8
0 12 061	地表温度	K	1	0	12
1 02 008	2个描述符重复8次				
0 07 061	地表下深度（5 cm，10 cm，15 cm，20 cm，40 cm，80 cm，160 cm，320 cm）	m	2	0	14
0 12 030	土壤温度	K	1	0	12
0 07 061	地表下深度（设为缺测值）	m	2	0	14
草面（或雪面）温度					
自定义 0 02 201	本地地面传感器标识（草面（或雪面）温度）	代码表	0	0	3
0 04 015	时间增量（＝－n分）	min	0	－2048	12
0 04 065	短时间增量（＝1分）	min	0	－128	8
1 01 000	1个描述符的延迟重复				
0 31 001	延迟描述符重复因子（＝n）	数字	0	0	8
0 12 061	草面或雪面温度	K	1	0	12
能见度					
自定义 0 02 201	本地地面传感器标识（能见度）	代码表	0	0	3
0 07 032	传感器离本地地面（或海上平台甲板）的高度	m	2	0	16
0 07 033	传感器离水面的高度	m	1	0	12
0 04 015	时间增量（＝－n分）	min	0	－2048	12

续表

内容	含义	单位	比例因子	基准值	数据宽度（比特）
0 04 065	短时间增量（＝1分）	min	0	－128	8
1 09 000	9个描述符的延迟重复				
0 31 001	延迟描述符重复因子（＝n）	数字	0	0	8
0 08 021	时间意义（＝2平均时间）	代码表	0	0	5
1 06 002	6个描述符重复2次				
0 04 025	时间周期（第1次重复＝－10，表示10分钟平均能见度；第2次重复＝－1，表示1分钟平均能见度）	min	0	－2048	12
2 01 132	改变0 20 001要素描述符的数据宽度（13＋4＝17）				
2 02 129	改变0 20 001要素描述符的比例因子（－1＋1＝0）				
0 20 001	水平能见度	m	－1	0	13
2 02 000	结束对比例因子的改变操作				
2 01 000	结束对数据宽度的改变操作				
0 08 021	时间意义（＝缺省值）	代码表	0	0	5
0 07 032	传感器离本地地面高度（设为缺测值以取消以前的值）	m	2	0	16
0 07 033	传感器离水面的高度（设为缺测值以取消以前的值）	m	1	0	12
云数据					
1 01 002	后面1个描述符重复2次（云量、云高）				
自定义0 02 201	本地地面传感器标识	代码表	0	0	3
0 02 183	云探测系统	代码表	0	0	4
0 04 015	时间增量（＝－n分）	min	0	－2048	12
0 04 065	短时间增量（＝1分）	min	0	－128	8
1 02 000	2个描述符的延迟重复				
0 31 001	延迟描述符重复因子（＝n）	数字	0	0	8
0 20 010	云量	％	0	0	7
0 20 013	云底高度	m	－1	－40	11
雪深					
自定义0 02 201	本地地面传感器标识（雪深）	代码表	0	0	3
0 02 177	雪深的测量方法	代码表	0	0	4
0 04 015	时间增量（＝－n分）	min	0	－2048	12
0 04 065	短时间增量（＝1分）	min	0	－128	8

续表

内容	含义	单位	比例因子	基准值	数据宽度（比特）
1 01 000	1个描述符的延迟重复				
0 31 001	延迟描述符重复因子（=n）	数字	0	0	8
0 13 013	总雪深	m	2	−2	16
天气现象					
1 01 004	后面1个描述符重复4次（降水类、视程障碍类、凝结类、其他类）				
自定义 0 02 201	本地地面传感器标识	代码表	0	0	3
0 02 180	主要天气现况检测系统	代码表	0	0	4
0 04 015	时间增量（=−n分）	min	0	−2048	12
0 04 065	短时间增量（=1分）	min	0	−128	8
1 01 000	1个描述符的延迟重复				
0 31 001	延迟描述符重复因子（=n）	数字	0	0	8
自定义 0 20 211	分钟连续观测天气现象（按照 0 20 192 国内天气现象编码上报，每种天气现象编码占2位。台站无天气现象自动观测任务时，连续写入2个"—"。自动仪器未观测到天气现象出现时，写入"00"；观测缺测时，数据宽度内所有bit位置1。当1分钟内观测到多种天气现象时，各天气现象编码间用半角","间隔。）	字符	0	0	960
2 04 000	删去增加的附加字段				

C2.5　5段——结束段

结束段编码说明见表C5。

表 C5　结束段编码说明

八位组	含义	值
1—4	BUFR 数据的结束标志	4个字符"7777"

C3　自定义描述符和代码表

C3.1　自定义要素描述符

F X Y	要素名称	单位	标度	基准值	数据宽度（比特）
0 01 192	本地测站标识	字符	0	0	72
0 02 201	本地地面传感器标识	代码表	0	0	3
0 20 192	国内观测天气现象	代码表	0	0	7
0 20 211	分钟连续观测天气现象	字符	0	0	960

C3.2　自定义代码表 0 02 201 本地地面传感器标识

代码数字	含义	代码数字	含义	代码数字	含义
0	无观测任务	3	加盖期间	6	日落后日出前无数据
1	自动观测	4	仪器故障期间	7	缺测值
2	人工观测	5	仪器维护期间		

C3.3　自定义代码表 0 20 192 国内观测天气现象

代码数字	现象名称	代码数字	现象名称	代码数字	现象名称	代码数字	现象名称
0	无现象	10	轻雾	38	吹雪	76	冰针
1	露	13	闪电	39	雪暴	77	米雪
2	霜	14	极光	42	雾	79	冰粒
3	结冰	15	大风	48	雾凇	80	阵雨
4	烟幕	16	积雪	50	毛毛雨	83	阵性雨夹雪
5	霾	17	雷暴	56	雨凇	85	阵雪
6	浮尘	18	飑	60	雨	87	霰
7	扬沙	19	龙卷	68	雨夹雪	89	冰雹
8	尘卷风	31	沙尘暴	70	雪		

C4　WMO 代码表、标志表

C4.1　代码表 0 01 101 国家和地区标识符（部分）

代码值	中文含义	英文含义
0—99	保留	Reserved
……		
205	中国	China
207	香港	Hong Kong, China
235—299	区协Ⅱ保留	Reserved for Region Ⅱ (Asia)
……		

C4.2　代码表 0 02 001 台站类型

代码值	含义	代码值	含义	代码值	含义	代码值	含义
0	自动站	1	人工站	2	混合站(人工和自动)	3	空缺值

C4.3　代码表 0 02 175 降水量测量方法

代码值	含义	代码值	含义	代码值	含义	代码值	含义
0	人工测量	3	光学方法	6	水滴计算方法	15	缺测值
1	翻斗式方法	4	气压方法	7—13	保留		
2	加权方法	5	漂浮方法	14	其他		

C4.4　代码表 0 02 177 雪深测量方法

代码值	含义	代码值	含义	代码值	含义	代码值	含义
0	人工观测	2	视像方法	4—13	保留	15	缺测值
1	超声学方法	3	激光方法	14	其他		

C4.5　代码表 0 02 180 主要天气现状检测系统

代码值	含义	代码值	含义
0	人工观测	5	多普勒雷达系统
1	结合降水感知系统的光学散射系统	6—13	保留
2	可见光前向和/或后向散射系统	14	其他
3	红外光前向和/或后向散射系统	15	缺测值
4	红外光发射二极管系统		

C4.6　代码表 0 02 183 云探测系统

代码值	含义	代码值	含义	代码值	含义
0	人工观测	4	天空图象系统	14	其他
1	云幂仪(测云底高)	5	时滞视频系统	15	缺测值
2	红外摄像系统	6	微脉冲光达(MPL)系统		
3	微波可视摄像系统	7—13	保留		

C4.7　代码表 0 08 010 地面限定符(温度数据)

代码数字	中文含义	英文含义
0	保留	Reserved
1	赤裸的土壤	Bare soil
2	赤裸的岩石	Bare rock
3	草覆盖的陆地	Land grass cover

代码数字	中文含义	英文含义
4	水面（湖、海）	Water (lake, sea)
5	下面是洪水	Flood water underneath
6	雪	Snow
7	冰	Ice
8	跑道或道路	Runway or road
9	船舶或平台的钢甲板	Ship or platform deck in steel
10	船舶或平台的木甲板	Ship or platform deck in wood
11	部分被橡皮覆盖的船舶或平台的甲板	Ship or platform deck partly covered with rubber mat
12—29	保留	Reserved
30	建筑物表面	Bare building
31	空缺值	Missing value

C4.8 代码表 0 08 021 时间意义

代码数字	中文含义	英文含义
0	保留	Reserved
1	时间系列	Time series
2	时间平均	Time averaged (see Note 1)
3	累积	Accumulated
4	预报	Forecast
5	预报时间系列	Forecast time series
6	预报时间平均	Forecast time averaged
7	预报累积	Forecast accumulated
8	总体平均	Ensemble mean (see Note 2)
9	总体平均时间系列	Ensemble mean time series
10	总体平均时间平均	Ensemble mean time averaged
11	总体平均累积	Ensemble mean accumulated
12	总体平均预报	Ensemble mean forecast
13	总体平均预报时间系列	Ensemble mean forecast time series
14	总体平均预报时间平均	Ensemble mean forecast time averaged
15	总体平均预报累积	Ensemble mean forecast accumulated
16	分析	Analysis
17	现象开始	Start of phenomenon
18	探空仪发射时间	Radiosonde launch time
19	轨道开始	Start of orbit
20	轨道结束	End of orbit
21	上升点时间	Time of ascending node
22	风向转变发生时间	Time of occurrence of wind shift
23	监测周期	Monitoring period
24	报告接收平均截止时间	Agreed time limit for report reception
25	名义上的报告时间	Nominal reporting time
26	最后知道位置的时间	Time of last known position

代码数字	中文含义	英文含义
27	第一猜测	First guess
28	扫描开始	Start of scan
29	扫描结束或时间结束	End of scan or time of ending
30	出现时间	Time of occurrence
31	空缺值	Missing value

注解:(1)"平均时间"表示一段时间内的连续平均值。

(2)"总体平均"表示一组时间位置上的各个不同值的平均。

(3)时间意义必须是与某个给定的时间段相对应。

C4.9 代码表 0 31 021 附加字段意义

代码数字	中文含义	英文含义
0	PPI 或保留	PPI or reserved
1	1 位质量指示码,0＝质量好的,1＝质量有怀疑的或差的	1-bit indicator of quality, 0 = good, 1 = suspect or bad
2	2 位质量指示码,0＝质量好的,1＝稍有怀疑的,2＝很大怀疑的,3＝质量差的	2-bit indicator of quality, 0 = good, 1＝slightly suspect, 2＝highly suspect, 3＝bad
3—5	保留	Reserved
6	根据 GTSPP 的 4 位质量控制指示码: 0＝没有质量控制 1＝正确值(所有检测通过) 2＝或许正确的但和统计不一致(不同于气候值) 3＝或许不正确的(尖峰,梯度,……,如果其他检测通过) 4＝不正确的、不可能的值(超出范围,铅直不稳定度,等廓线) 5＝在质量控制中被修改过的值 6—7＝不使用(保留) 8＝内插的值 9＝空缺值	4-bit indicator of quality control class according to GTSPP: 0＝Unqualified 1＝Correct value (all checks passed) 2＝Probably good but value inconsistent with statistics(differ from climatology) 3＝Probably bad (spike, gradient, .. if other tests passed) 4＝Bad value, impossible value (out of scale, vertical instability, constant profile) 5＝Value modified during quality control 6—7＝Not used (reserved) 8＝Interpolated value 9＝Missing value
7	置信百分比	Percentage confidence
8—20	保留	Reserved
21	1 位订正指示符(见说明(2))0＝原始值,1＝替代/订正值	1-bit indicator of correction (see Note 2) 0＝original value, 1＝substituted/corrected value
22—61	保留给局地使用	Reserved for local use

续表

代码数字	中文含义	英文含义
62	8bit 质量控制指示码： 由高至低(从左到右)1－4 位,表示省级质控码;5－8 位,表示台站质控码。 省级质控码和台站质控码的值均按如下含义： 0　正确 1　可疑 2　错误 3　订正数据 4　修改数据 5　预留 6　预留 7　预留 8　缺测 9　未作质量控制	
63	缺测值	Missing value

C4.10　代码表 0 33 035 人工/自动质量控制

代码值	含义
0	通过自动质量控制但没有人工检测
1	通过自动质量控制且有人工检测并通过
2	通过自动质量控制且有人工检测并删除
3	自动质量控制失败,也没有人工检测
4	自动质量控制失败,但有人工检测并失败
5	自动质量控制失败,但有人工检测并重新插入
6	自动质量控制将数据标志为可疑数据,无人工检测
7	自动质量控制将数据标志为可疑数据,有人工检测,但失败
8	有人工检测,但失败
9－14	保留
15	缺测值

附录 D　国内地面小时观测数据 BUFR 编码格式(V23.3.1)

D1　范围

本格式规定了国内地面自动站小时(定时)观测资料的编码格式、编报规则和代码,适用于国内地面自动站小时(定时)观测资料的编报和传输。

D2　格式

编码数据由指示段、标识段、数据描述段、数据段和结束段构成。

D2.1　0 段——指示段

指示段包括 BUFR 编码数据的起始标志、BUFR 编码数据的长度和 BUFR 的版本号。

表 D1　指示段编码说明

八位组	含义	值
1—4	BUFR 数据的起始标志	4 个字符"BUFR"
5—7	BUFR 数据长度(以八位组为单位)	BUFR 数据的总长度
8	BUFR 编码版本号	现行版本号为 4

注:8 个比特称为 1 个八位组。

D2.2　1 段——标识段

标识段指示数据编码的主表标识、数据源中心、数据类型、数据子类型、表格版本号、数据的生产时间等信息。

表 D2　标识段编码说明

八位组	含义	值	说　明
1—3	标识段段长(以八位组为单位)	23	标识段的长度
4	BUFR 主表标志	0	使用标准的 WMO FM—94 BUFR 表
5—6	数据源中心	38	北京
7—8	数据源子中心	0	未被子中心加工过
9	更新序列号	非负整数	原始编号为 0,其后,随资料更新编号逐次增加
10	2 段选编段指示	0	表示此数据不包含选编段
11	数据类型	0	表示本资料为地面资料(陆地)
12	国际数据子类型	6	来自自动测站一小时的观测
13	国内数据子类型	0	未定义本地数据子类型
14	主表版本号	23	BUFR 主表的版本号
15	本地表版本号	3	本地表版本号
16—17	年(世界时)	正整数	数据编报时间:年(4 位公元年)
18	月(世界时)	正整数	数据编报时间:月
19	日(世界时)	正整数	数据编报时间:日
20	时(世界时)	非负整数	数据编报时间:时

续表

八位组	含义	值	说　　明
21	分(世界时)	非负整数	数据编报时间:分
22	秒(世界时)	非负整数	数据编报时间:秒
23	自定义	0	为本地自动数据处理中心保留

注1:表中数据编报时间使用世界时(UTC)。

D2.3 3段——数据描述段

数据描述段主要指示BUFR资料的数据子集数目、是否压缩以及数据段中所编数据的要素描述符。

表D3　数据描述段编码说明

八位组	含义	说明
1—3	数据描述段段长	置9,表示数据描述段的长度为9个八位组
4	保留位	置0
5—6	数据子集数	非负整数,表示BUFR报文中包含的观测记录数
7	数据性质和压缩方式	置128,即二进制编码为10000000,左起第一个比特置1,表示观测数据,第二个比特置0,表示采用非压缩格式
8—9	国内地面小时观测BUFR编码序列描述符	3 07 193*

注1:3 07 193为国内本地模板,模板展开见表D4。

D2.4 4段——数据段

数据段包括本段段长、保留字段以及数据描述段中的描述符(3 07 193)展开后的所有要素描述符对应数据的编码值。

表D4　数据段编码说明

内容		含义	单位	比例因子	基准值	数据宽度(比特)
数据段段长		数据段长度(以八位组为单位)	数字	0	0	24
保留字段		置0	数字	0	0	8
测站基本信息						
3 01 004	0 01 001	WMO区号	数字	0	0	7
	0 01 002	WMO站号	数字	0	0	10
	0 01 015	站名	字符	0	0	160
	0 02 001	测站类型	代码表	0	0	2
0 01 101		国家和地区标识符	代码表	0	0	10
自定义 0 01 192		本地测站标识	字符	0	0	72
3 01 011	0 04 001	年(世界时)	a	0	0	12
	0 04 002	月(世界时)	mon	0	0	4
	0 04 003	日(世界时)	d	0	0	6
3 01 013	0 04 004	时(世界时)	h	0	0	5

内容		含义	单位	比例因子	基准值	数据宽度（比特）
	0 04 005	分（＝0）	min	0	0	6
	0 04 006	秒（＝0）	s	0	0	6
3 01 021	0 05 001	纬度（高精度）	°	5	−9000000	25
	0 06 001	经度（高精度）	°	5	−18000000	26
0 07 030		平均海平面以上测站地面高度	m	1	−4000	17
0 07 031		平均海平面以上气压表高度	m	1	−4000	17
0 08 010		地面限定符（温度数据）	代码表	0	0	5
自定义 0 02 207		日照时制方式	代码表	0	0	3
1 01 002		后面1个描述符重复2次（第1次是台站质量控制标识,第2次是省级质量控制标识）				
0 33 035		人工/自动质量控制	代码表	0	0	4
2 04 008		增加附加字段				
0 31 021		附加字段意义＝62（自定义）	代码表	0	0	6
气压						
自定义 0 02 201		本地地面传感器标识（气压）	代码表	0	0	3
1 13 000		13个描述符延迟重复				
0 31 000		重复次数（＝0无数据,＝1有数据）	数字	0	0	1
3 02 031	0 10 004	本站气压	Pa	−1	0	14
	0 10 051	海平面气压	Pa	−1	0	14
	0 10 061	3小时变压	Pa	−1	−500	10
	0 10 063	气压倾向特征	代码表	0	0	4
	0 10 062	24小时变压	Pa	−1	−1000	11
	0 07 004	气压（标准层）	Pa	−1	0	14
	0 10 009	测站的位势高度	gpm	0	−1000	17
0 08 023		一级统计（＝2表示最大值）	代码表	0	0	6
0 04 024		时间周期,时（＝−1）	h	0	−2048	12
0 10 004		小时内最高本站气压	Pa	−1	0	14
自定义 0 26 195		现象出现的时	h	0	0	5
自定义 0 26 196		现象出现的分	min	0	0	6
0 08 023		一级统计（缺省值）	代码表	0	0	6
0 08 023		一级统计（＝3表示最小值）	代码表	0	0	6
0 04 024		时间周期,时（＝−1）	h	0	−2048	12
0 10 004		小时内最低本站气压	Pa	−1	0	14
自定义 0 26 195		现象出现的时	h	0	0	5
自定义 0 26 196		现象出现的分	min	0	0	6
0 08 023		一级统计（缺省值）	代码表	0	0	6

续表

内容	含义	单位	比例因子	基准值	数据宽度（比特）
温度和湿度					
1 01 002	后面1个描述符重复2次（温度传感器、湿度传感器）				
自定义 0 02 201	本地地面传感器标识	代码表	0	0	3
1 23 000	23个描述符延迟重复				
0 31 000	重复次数（＝0无数据，＝1有数据）	数字	0	0	1
0 07 032	传感器离本地地面（或海上平台甲板）的高度	m	2	0	16
0 07 033	传感器离水面的高度	m	1	0	12
0 12 001	气温	K	1	0	12
0 12 003	露点温度	K	1	0	12
0 13 003	相对湿度	％	0	0	7
0 13 004	水汽压	Pa	−1	0	10
0 04 024	时间周期,时（＝−1）	h	0	−2048	12
0 12 011	小时内最高气温	K	1	0	12
自定义 0 26 195	现象出现的时	h	0	0	5
自定义 0 26 196	现象出现的分	min	0	0	6
0 04 024	时间周期,时（＝−1）	h	0	−2048	12
0 12 012	小时内最低气温	K	1	0	12
自定义 0 26 195	现象出现的时	h	0	0	5
自定义 0 26 196	现象出现的分	min	0	0	6
0 04 024	时间周期,时（＝−1）	h	0	−2048	12
0 13 007	小时内最小相对湿度	％	0	0	7
自定义 0 26 195	现象出现的时	h	0	0	5
自定义 0 26 196	现象出现的分	min	0	0	6
自定义 0 12 197	24小时变温	K	1	−2732	12
0 12 016	过去24小时最高气温	K	1	0	12
0 12 017	过去24小时最低气温	K	1	0	12
0 07 032	传感器离地面的高度（缺省）	m	2	0	16
0 07 033	传感器离水面的高度（缺省）	m	1	0	12
降水					
自定义 0 02 201	本地地面传感器标识（降水）	代码表	0	0	3
1 12 000	12个描述符延迟重复				
0 31 000	重复次数（＝0无数据，＝1有数据）	数字	0	0	1
0 07 032	传感器离本地地面（或海上平台甲板）的高度	m	2	0	16

内容		含义	单位	比例因子	基准值	数据宽度（比特）
0 07 033		传感器离水面的高度	m	1	0	12
0 02 175		降水测量方法	代码表	0	0	4
0 13 019		过去 1 小时降水	kg · m^{-2}	1	−1	14
0 13 020		过去 3 小时降水	kg · m^{-2}	1	−1	14
0 13 021		过去 6 小时降水	kg · m^{-2}	1	−1	14
0 13 022		过去 12 小时降水	kg · m^{-2}	1	−1	14
0 13 023		过去 24 小时降水	kg · m^{-2}	1	−1	14
0 04 024		时间周期（根据加密周期确定）	h	0	−2048	12
0 13 011		总降水量	kg · m^{-2}	1	−1	14
0 07 032		传感器离本地地面高度（缺测值）	m	2	0	16
0 07 033		传感器离水面的高度（缺测值）	m	1	0	12
蒸发						
自定义 0 02 201		本地地面传感器标识（蒸发）	代码表	0	0	3
1 02 000		2 个描述符延迟重复				
0 31 000		重复次数（＝0 无数据，＝1 有数据）	数字	0	0	1
3 02 044	0 04 024	时间周期,时（＝−1）	h	0	−2048	12
	0 02 004	测量蒸发的仪器类型或作物类型	代码表	0	0	4
	0 13 033	小时蒸发量	kg · m^{-2}	1	0	10
自定义 0 13 196		蒸发水位	mm	1	0	10
0 04 024		时间周期,时（＝−24）	h	0	−2048	12
0 13 033		日蒸发量	kg · m^{-2}	1	0	10
风						
1 01 002		后面 1 个描述符重复 2 次（风向、风速）				
自定义 0 02 201		本地地面传感器标识	代码表	0	0	3
1 25 000		25 个描述符延迟重复				
0 31 000		重复次数（＝0 无数据，＝1 有数据）	数字	0	0	1
0 07 032		传感器离本地地面（或海上平台甲板）的高度	m	2	0	16
0 07 033		传感器离水面的高度	m	1	0	12
瞬时风						
0 11 001		风向（当前时刻的瞬时风向）（风速＜0.2 m · s^{-1},风向编报 0；风速≥0.2 m · s^{-1},风向编报 1—360）	°（degree true）	0	0	9
0 11 002		风速（当前时刻的瞬时风速）	m · s^{-1}	1	0	12

续表

内容	含义	单位	比例因子	基准值	数据宽度（比特）
2分钟平均和10分钟平均风					
0 08 021	时间意义（＝2）时间平均	代码表	0	0	5
1 03 002	3个描述符重复2次				
0 04 025	时间周期（第1次重复＝－10表示10分钟平均风速；第2次重复＝－2表示2分钟平均风速）	min	0	－2048	12
0 11 001	风向（风速＜0.2 m·s⁻¹，风向编报0；风速≥0.2 m·s⁻¹，风向编报1－360）	°(degree true)	0	0	9
0 11 002	风速	m·s⁻¹	1	0	12
0 08 021	时间意义（＝缺省值）	代码表	0	0	5
最大风和极大风					
0 04 024	时间周期（＝－1）1小时	h	0	－2048	12
0 11 010	小时内最大风速的风向	°(degree true)	0	0	9
0 11 042	小时内最大风速	m·s⁻¹	1	0	12
自定义 0 26 195	现象出现的时	h	0	0	5
自定义 0 26 196	现象出现的分	min	0	0	6
0 11 010	小时内极大风速的风向	°(degree true)	0	0	9
0 11 046	小时内极大风速	m·s⁻¹	1	0	12
自定义 0 26 195	现象出现的时	h	0	0	5
自定义 0 26 196	现象出现的分	min	0	0	6
过去6小时和12小时极大风					
1 03 002	3个描述符重复2次				
0 04 024	时间周期（＝－6过去6小时；＝－12过去12）	h	0	－2048	12
0 11 010	极大风速的风向	°(degree true)	0	0	9
0 11 046	极大时风速	m·s⁻¹	1	0	12
0 07 032	传感器离本地地面高度（缺测值）	m	2	0	16
0 07 033	传感器离水面的高度（缺测值）	m	1	0	12

内容	含义	单位	比例因子	基准值	数据宽度（比特）
地表温度、浅层地温和深层地温					
1 01 009	后面 1 个描述符重复 9 次（0 cm 地温、5 cm 地温、10 cm 地温、15 cm 地温、20 cm 地温、40 cm 地温、80 cm 地温、160 cm 地温、320 cm 地温）				
自定义 0 02 201	本地地面传感器标识（地温）	代码表	0	0	3
1 18 000	18 个描述符延迟重复				
0 31 000	重复次数（＝0 无数据，＝1 有数据）	数字	0	0	1
0 12 061	地表温度	K	1	0	12
0 12 013	过去 12 小时地面最低温度	K	1	0	12
1 02 008	2 个描述重复 8 次（5 cm，10 cm，15 cm，20 cm，40 cm，80 cm，160 cm，320 cm）				
0 07 061	地下深度	m	2	0	14
0 12 030	土壤温度	K	1	0	12
0 07 061	地下深度（置缺省值）	m	2	0	14
0 08 023	一级统计（＝2 表示最大值）	代码表	0	0	6
0 04 024	时间周期,时（＝-1）	h	0	-2048	12
0 12 061	地表温度	K	1	0	12
自定义 0 26 195	现象出现的时	h	0	0	5
自定义 0 26 196	现象出现的分	min	0	0	6
0 08 023	一级统计（缺省值）	代码表	0	0	6
0 08 023	一级统计（＝3 表示最小值）	代码表	0	0	6
0 04 024	时间周期,时（＝-1）	h	0	-2048	12
0 12 061	小时内最低地表温度	K	1	0	12
自定义 0 26 195	现象出现的时	h	0	0	5
自定义 0 26 196	现象出现的分	min	0	0	6
0 08 023	一级统计（缺省值）	代码表	0	0	6
草面或雪面温度					
自定义 0 02 201	本地地面传感器标识（草面或雪面温度）	代码表	0	0	3
1 13 000	13 个描述符延迟重复				
0 31 000	重复次数（＝0 无数据，＝1 有数据）	数字	0	0	1
0 12 061	草面或雪面温度	K	1	0	12
0 08 023	一级统计（＝2 表示最大值）	代码表	0	0	6

内容	含义	单位	比例因子	基准值	数据宽度（比特）
0 04 024	时间周期,时(=−1)	h	0	−2048	12
0 12 061	小时内草面(雪面)最高温度	K	1	0	12
自定义 0 26 195	现象出现的时	h	0	0	5
自定义 0 26 196	现象出现的分	min	0	0	6
0 08 023	一级统计(缺省值)	代码表	0	0	6
0 08 023	一级统计(=3表示最小值)	代码表	0	0	6
0 04 024	时间周期,时(=−1)	h	0	−2048	12
0 12 061	小时内草面(雪面)最低温度	K	1	0	12
自定义 0 26 195	现象出现的时	h	0	0	5
自定义 0 26 196	现象出现的分	min	0	0	6
0 08 023	一级统计(缺省值)	代码表	0	0	6
路面温度					
自定义 0 02 201	本地地面传感器标识(路面温度)	代码表	0	0	3
1 12 000	12个描述符延迟重复				
0 31 000	重复次数(=0无数据,=1有数据)	数字	0	0	1
自定义 0 12 195	路面温度	K	1	0	12
自定义 0 12 196	10cm路基温度	K	1	0	12
0 08 023	一级统计(=2表示最大值)	代码表	0	0	6
自定义 0 12 195	小时内路面最高温度	K	1	0	12
自定义 0 26 195	现象出现的时	h	0	0	5
自定义 0 26 196	现象出现的分	min	0	0	6
0 08 023	一级统计(缺省值)	代码表	0	0	6
0 08 023	一级统计(=3表示最小值)	代码表	0	0	6
自定义 0 12 195	小时内路面最低温度	K	1	0	12
自定义 0 26 195	现象出现的时	h	0	0	5
自定义 0 26 196	现象出现的分	min	0	0	6
0 08 023	一级统计(缺省值)	代码表	0	0	6
能见度数据					
自定义 0 02 201	本地地面传感器标识(能见度)	代码表	0	0	3
1 29 000	29个描述符延迟重复				
0 31 000	重复次数(=0无数据,=1有数据)	数字	0	0	1
0 07 032	传感器离本地地面(或海上平台甲板)的高度	m	2	0	16
0 07 033	传感器离水面的高度	m	1	0	12
0 33 041	后面值的属性	代码表	0	0	2

内容	含义	单位	比例因子	基准值	数据宽度（比特）
2 01 132	改变 0 20 001 要素描述符的数据宽度(13＋4＝17)				
2 02 129	改变 0 20 001 要素描述符的比例因子(－1＋1＝0)				
0 20 001	水平能见度(人工观测)	m	－1	0	13
2 02 000	结束对比例因子的改变操作				
2 01 000	结束对数据宽度的改变操作				
1分钟平均和10分钟平均水平能见度					
0 08 021	时间意义(＝2)时间平均	代码表	0	0	5
1 06 002	6 个描述符重复 2 次				
0 04 025	时间周期(第 1 次重复＝－10 表示 10 分钟平均能见度；第 2 次重复＝－1 表示 1 分钟平均能见度）	min	0	－2048	12
2 01 132	改变 0 20 001 要素描述符的数据宽度(13＋4＝17)				
2 02 129	改变 0 20 001 要素描述符的比例因子(－1＋1＝0)				
0 20 001	水平能见度(人工观测)	m	－1	0	13
2 02 000	结束对比例因子的改变操作				
2 01 000	结束对数据宽度的改变操作				
0 08 021	时间意义(＝缺省值)	代码表	0	0	5
小时内最小水平能见度					
0 08 023	一级统计(＝3 表示最小值)	代码表	0	0	6
0 04 024	时间周期,时(＝－1)	h	0	－2048	12
2 01 132	改变 0 20 001 要素描述符的数据宽度(13＋4＝17)				
2 02 129	改变 0 20 001 要素描述符的比例因子(－1＋1＝0)				
0 20 001	水平能见度(人工观测)	m	－1	0	13
2 02 000	结束对比例因子的改变操作				
2 01 000	结束对数据宽度的改变操作				
自定义 0 26 195	现象出现的时	h	0	0	5
自定义 0 26 196	现象出现的分	min	0	0	6
0 08 023	一级统计(缺省值)	代码表	0	0	6
0 07 032	传感器离地面的高度(缺省)	m	2	0	16
0 07 033	传感器离水面的高度(缺省)	m	1	0	12

内容		含义	单位	比例因子	基准值	数据宽度（比特）
云数据						
	1 01 003	后面1个描述符重复3次（云量、云高、云状）				
自定义 0 02 201		本地地面传感器标识	代码表	0	0	3
	1 06 000	6个描述符延迟重复				
	0 31 000	重复次数（＝0无数据，＝1有数据）	数字	0	0	1
	0 02 183	云探测系统	代码表	0	0	4
3 02 004	0 20 010	总云量	%	0	0	7
	0 08 002	垂直意义置0	代码表	0	0	6
	0 20 011	（低或中云的）云量（对应编报云量）Nh	代码表	0	0	4
	0 20 013	云底高（对应云高）h	m	−1	−40	11
	0 20 012	（低云 CL）云类型	代码表	0	0	6
	0 20 012	（中云 CM）云类型	代码表	0	0	6
	0 20 012	（高云 CH）云类型	代码表	0	0	6
0 08 002		垂直意义（缺省）	代码表	0	0	6
0 20 051		低云量	%	0	0	7
1 01 008		1个描述符重复8次				
0 20 012（本地扩充）		云类型	代码表	0	0	6
地面状态						
自定义 0 02 201		本地地面传感器标识（地面状态）	代码表	0	0	3
1 02 000		2个描述符延迟重复				
0 31 000		重复次数（＝0无数据，＝1有数据）	数字	0	0	1
0 02 176		地面状态测量方法	代码表	0	0	4
0 20 062		地面状态	代码表	0	0	5
积雪深度、雪压						
自定义 0 02 201		本地地面传感器标识（积雪）	代码表	0	0	3
1 03 000		3个描述符延迟重复				
0 31 000		重复次数（＝0无数据，＝1有数据）	数字	0	0	1
0 02 177		雪深测量方法	代码表	0	0	4
0 13 013		积雪深度	m	2	−2	16
自定义 0 13 195		雪压	$g \cdot cm^{-2}$	1	0	11

内容	含义	单位	比例因子	基准值	数据宽度（比特）
冻土深度					
自定义 0 02 201	本地地面传感器标识（冻土）	代码表	0	0	3
1 04 000	4 个描述符延迟重复				
0 31 000	重复次数（＝0 无数据，＝1 有数据）	数字	0	0	1
自定义 0 20 193	冻土深度第一层上限值	m	2	0	10
自定义 0 20 194	冻土深度第一层下限值（如超刻度，加 500 编报）	m	2	0	10
自定义 0 20 195	冻土深度第二层上限值	m	2	0	10
自定义 0 20 196	冻土深度第二层下限值（如超刻度，加 500 编报）	m	2	0	10
电线积冰					
自定义 0 02 201	本地地面传感器标识（电线积冰）	代码表	0	0	3
1 11 000	11 个描述符延迟重复				
0 31 000	重复次数（＝0 无数据，＝1 有数据）	数字	0	0	1
1 01 002	1 个描述符重复 2 次				
自定义 0 20 192	电线积冰－天气现象	代码表	0	0	7
自定义 0 20 198	电线积冰－南北方向直径	m	3	0	10
自定义 0 20 199	电线积冰－南北方向厚度	m	3	0	10
自定义 0 20 200	电线积冰－南北方向重量	$g \cdot m^{-1}$	0	0	14
自定义 0 20 201	电线积冰－东西方向直径	m	3	0	10
自定义 0 20 202	电线积冰－东西方向厚度	m	3	0	10
自定义 0 20 203	电线积冰－东西方向重量	$g \cdot m^{-1}$	0	0	14
0 12 001	电线积冰－温度	K	1	0	12
0 11 001	电线积冰－风向	°(degree true)	0	0	9
0 11 002	电线积冰－风速	$m \cdot s^{-1}$	1	0	12
路面状况					
自定义 0 02 201	本地地面传感器标识（路面状况）	代码表	0	0	3
1 06 000	6 个描述符延迟重复				
0 31 000	重复次数（＝0 无数据，＝1 有数据）	数字	0	0	1
自定义 0 20 204	路面状况	代码表	0	0	5

续表

内容		含义	单位	比例因子	基准值	数据宽度（比特）
自定义 0 20 205		路面雪层厚度	mm	0	0	12
自定义 0 20 206		路面水层厚度	mm	1	0	8
自定义 0 20 207		路面冰层厚度	mm	1	0	8
0 12 132		路面冰点温度	K	2	0	16
自定义 0 20 208		融雪剂浓度	%	0	0	5
其它重要天气数据、现在和过去天气、连续观测天气现象记录						
1 01 004		后面1个描述符重复4次（降水类、视程障碍类、凝结类、其它类）				
自定义 0 02 201		本地地面传感器标识	代码表	0	0	3
1 07 000		7个描述符延迟重复				
0 31 000		重复次数（＝0无数据，＝1有数据）	数字	0	0	1
0 02 180		主要天气现况检测系统	代码表	0	0	4
自定义 0 20 197		龙卷、尘卷风距测站距离	m	－3	0	8
0 20 054		龙卷、尘卷风距测站方位	°(degree true)	0	0	9
0 20 067		电线结冰（雨凇）直径	m	3	0	9
0 20 066		最大冰雹直径	m	3	0	8
0 20 214		最大冰雹重量	g	0	0	16
3 02 074	0 20 003	现在天气现象	代码表	0	0	9
	0 04 025	时间周期（＝－60分钟）	min	0	－2048	12
	0 20 004	过去天气(1)	代码表	0	0	5
	0 20 005	过去天气(2)	代码表	0	0	5
自定义 0 20 212		小时连续观测天气现象（按照0 20 192国内观测天气现象，A文件格式规定存入当日20时（北京时）至当前时刻的全部天气现象。以"."表示结束。既不能自动观测也无人工输入时，存入"//,."。	字符	0	0	3600
1 01 000		1个描述符延迟重复				
0 31 000		重复次数（北京时00时次编1表示有数据，其他时次编0表示无数据）	数字	0	0	1
自定义 0 20 212		前一日天气现象记录（世界时16时，即北京时00时编报）	字符	0	0	3600

内容		含义	单位	比例因子	基准值	数据宽度（比特）
日照						
自定义 0 02 201		本地地面传感器标识（日照）	代码表	0	0	3
1 07 000		7 个描述符延迟重复				
0 31 000		重复次数（＝0 无数据，＝1 有数据）	数字	0	0	1
3 01 011	0 04 001	年（地方时）	a	0	0	12
	0 04 002	月（地方时）	mon	0	0	4
	0 04 003	日（地方时）	d	0	0	6
1 03 024		3 个描述符重复 24 次				
0 04 024		时间周期（＝－24，－23，…，－1）	h	0	－2048	12
0 04 024		时间周期（＝－23，－22，…,0）	h	0	－2048	12
0 14 031		小时日照时数	min	0	0	11
0 04 024		时间周期（＝－24）	h	0	－2048	12
0 14 031		日照时数日合计	min	0	0	11
2 04 000		删去增加的附加字段				

D2.5　5 段——结束段

结束段编码说明见表 D5。

表 D5　结束段编码说明

八位组	含义	值
1—4	BUFR 数据的结束标志	4 个字符"7777"

D3　自定义描述符和代码表

D3.1　自定义要素描述符

F X Y	要素名称	单位	比例因子	基准值	数据宽度（比特）
0 01 192	本地测站标识	字符	0	0	72
0 02 201	本地地面传感器标识	代码表	0	0	3
0 02 207	日照时制方式	代码表	0	0	3
0 12 195	路面温度	K	1	0	12
0 12 196	10 cm 路基温度	K	1	0	12
0 12 197	24 小时变温	K	1	－2732	12
0 13 195	雪压	$g \cdot cm^{-2}$	0	0	11
0 13 196	蒸发水位	mm	1	0	10
0 20 192	国内观测天气现象	代码表	0	0	7
0 20 193	冻土深度第一层上限值	m	2	0	10

续表

F X Y	要素名称	单位	比例因子	基准值	数据宽度（比特）
0 20 194	冻土深度第一层下限值	m	2	0	10
0 20 195	冻土深度第二层上限值	m	2	0	10
0 20 196	冻土深度第二层下限值	m	2	0	10
0 20 197	龙卷、尘卷风距测站距离	m	－3	0	8
0 20 198	电线积冰—南北方向直径	m	3	0	10
0 20 199	电线积冰—南北方向厚度	m	3	0	10
0 20 200	电线积冰—南北方向重量	g·m^{-1}	0	0	14
0 20 201	电线积冰—东西方向直径	m	3	0	10
0 20 202	电线积冰—东西方向厚度	m	3	0	10
0 20 203	电线积冰—东西方向重量	g·m^{-1}	0	0	14
0 20 204	路面状况	代码表	0	0	5
0 20 205	路面雪层厚度	mm	0	0	12
0 20 206	路面水层厚度	mm	1	0	8
0 20 207	路面冰层厚度	mm	1	0	8
0 20 208	融雪剂浓度	%	0	0	5
0 26 195	现象出现时间的时	h	0	0	5
0 26 196	现象出现时间的分	min	0	0	6
0 20 212	小时连续观测天气现象	字符	0	0	3600
0 20 214	最大冰雹重量	g	0	0	16

D3.2 自定义代码表 0 02 201 本地地面传感器标识

代码数字	含义	代码数字	含义	代码数字	含义
0	无观测任务	3	加盖期间	6	日落后日出前无数据
1	自动观测	4	仪器故障期间	7	缺测
2	人工观测	5	仪器维护期间		

D3.3 自定义代码表 0 02 207 日照时制方式

代码数字	意义	代码数字	意义	代码数字	意义
0	保留	2	保留	5—6	保留
1	真太阳时,由人工观测仪器测的	4	地方时,由自动观测仪器测得	7	缺省

D3.4 自定义代码表 0 20 192 本地观测天气现象

代码数字	现象名称	代码数字	现象名称	代码数字	现象名称	代码数字	现象名称
0	无现象	5	霾	13	闪电	18	飑
1	露	6	浮尘	14	极光	19	龙卷
2	霜	7	扬沙	15	大风	31	沙尘暴
3	结冰	8	尘卷风	16	积雪	38	吹雪
4	烟幕	10	轻雾	17	雷暴	39	雪暴

代码数字	现象名称	代码数字	现象名称	代码数字	现象名称	代码数字	现象名称
42	雾	60	雨	77	米雪	85	阵雪
48	雾凇	68	雨夹雪	79	冰粒	87	霰
50	毛毛雨	70	雪	80	阵雨	89	冰雹
56	雨凇			76	冰针	83	

D3.5　自定义代码表 0 20 204 路面状况

代码数字	含义	代码数字	含义	代码数字	含义	代码数字	含义
0	状况未知	12	潮湿	15	冰	18—98	保留
1—10	保留	13	积水	16	霜	99	其他
11	干燥	14	雪	17	有融雪剂		

D4　WMO 代码表

D4.1　代码表 0 01 101 国家和地区标识符(部分)

代码数字	中文含义	英文含义
0—99	保留	Reserved
……		
205	中国	China
207	香港	Hong Kong, China
235—299	区协Ⅱ保留	Reserved for Region Ⅱ (Asia)
……		

D4.2　代码表 0 02 001 台站类型

代码数字	中文含义	英文含义	代码数字	中文含义	英文含义
0	自动站	Automatic	2	混合站:人工和自动	Hybrid:both manned and automatic
1	人工站	Manned	3	空缺值	Missing value

D4.3　代码表 0 02 175 降水量测量方法

代码值		代码值		代码值		代码值	
0	人工测量	3	光学方法	6	水滴计算方法	15	缺测值
1	翻斗式方法	4	气压方法	7—13	保留		
2	加权方法	5	漂浮方法	14	其他		

D4.4　代码表 0 02 176 地面状态测量的方法

代码数字	中文含义	英文含义	代码数字	中文含义	英文含义
0	人工观测	Manual observation	4—13	保留	Reserved
1	视频照相机方法	Video camera method	14	其他	Others
2	红外线方法	Infrared method	15	空缺值	Missing value
3	激光方法	Laser method			

D4.5　代码表 0 02 177 雪深测量方法

代码数字	中文含义	英文含义	代码数字	中文含义	英文含义
0	人工观测	Manual observation	3—13	保留	Laser method
1	超声学方法	Ultrasonic method	14	其他	Others
2	视频照相机方法	Video camera method	15	空缺值	Missing value

D4.6　代码表 0 02 180 主要天气现状检测系统

代码值	含义	代码值	含义
0	人工观测	5	多普勒雷达系统
1	结合降水感知系统的光学散射系统	6—13	保留
2	可见光前向和/或后向散射系统	14	其他
3	红外光前向和/或后向散射系统	15	缺测值
4	红外光发射二极管系统		

D4.7　代码表 0 02 183 云探测系统

代码值	含义	代码值	含义	代码值	含义
0	人工观测	4	天空图象系统	14	其他
1	云幂仪(测云底高)	5	时滞视频系统	15	缺测值
2	红外摄像系统	6	微脉冲光达(MPL)系统		
3	微波可视摄像系统	7—13	保留		

D4.8　代码表 0 08 002 垂直意义(地面观测)

代码数字	中文含义	英文含义	代码数字	中文含义	英文含义
0	应用 FM-12 SYN-OP,FM-13 SHIP 的云类型和最低云底的观测规则	Observing rules for base of lowest cloud and cloud types of FM 12 SYNOP and FM 13 SHIP apply	1	第一特性层	First non-Cumulonimbus significant layer

代码数字	中文含义	英文含义	代码数字	中文含义	英文含义
2	第二特性层	Second non-Cumulonimbus significant layer	12—19	保留	Reserved
3	第三特性层	Third non-Cumulonimbus significant layer	20	云探测系统没有探测到云	No clouds detected by the cloud detection system
4	积雨云层	Cumulonimbus layer	21	第一个仪器探测到的云层	First instrument detected cloud layer
5	云幂	Ceiling	22	第二个仪器探测到的云层	Second instrument detected cloud layer
6	没有探测到低于随后高度的云	Clouds not detected below the following height(s)	23	第三个仪器探测到的云层	Third instrument detected cloud layer
7	低云	Low cloud	24	第四个仪器探测到的云层	Fourth instrument detected cloud layer
8	中云	Middle cloud	25—61	保留	Reserved
9	高云	High cloud	62	没有应用的值	Value not applicable
10	底部在测站以下，顶部在测站以上的云层	Cloud layer with base below and top above the station	63	空缺值	Missing value
11	底部和顶部都在测站以下的云层	Cloud layer with base and top below the station level			

D4.9　代码表 0 08 010 地面限定符(温度数据)

代码数字	中文含义	英文含义
0	保留	Reserved
1	赤裸的土壤	Bare soil
2	赤裸的岩石	Bare rock
3	草覆盖的陆地	Land grass cover
4	水面(湖、海)	Water (lake, sea)
5	下面是洪水	Flood water underneath
6	雪	Snow
7	冰	Ice
8	跑道或道路	Runway or road
9	船舶或平台的钢甲板	Ship or platform deck in steel

续表

代码数字	中文含义	英文含义
10	船舶或平台的木甲板	Ship or platform deck in wood
11	部分被橡皮覆盖的船舶或平台的甲板	Ship or platform deck partly covered with rubber mat
12—29	保留	Reserved
30	建筑物表面	Bare building
31	空缺值	Missing value

D4.10 代码表 0 08 021 时间意义

代码数字	中文含义	英文含义	代码数字	中文含义	英文含义
0	保留	Reserved	16	分析	Analysis
1	时间系列	Time series	17	现象开始	Start of phenomenon
2	时间平均	Time averaged (see Note 1)	18	探空仪发射时间	Radiosonde launch time
3	累积	Accumulated	19	轨道开始	Start of orbit
4	预报	Forecast	20	轨道结束	End of orbit
5	预报时间系列	Forecast time series	21	上升点时间	Time of ascending node
6	预报时间平均	Forecast time averaged	22	风向转变发生时间	Time of occurrence of wind shift
7	预报累积	Forecast accumulated	23	监测周期	Monitoring period
8	总体平均	Ensemble mean (see Note 2)	24	报告接收平均截止时间	Agreed time limit for report reception
9	总体平均时间系列	Ensemble mean time series	25	名义上的报告时间	Nominal reporting time
10	总体平均时间平均	Ensemble mean time averaged	26	最后知道位置的时间	Time of last known position
11	总体平均累积	Ensemble mean accumulated	27	第一猜测	First guess
12	总体平均预报	Ensemble mean forecast	28	扫描开始	Start of scan
13	总体平均预报时间系列	Ensemble mean forecast time series	29	扫描结束或时间结束	End of scan or time of ending
14	总体平均预报时间平均	Ensemble mean forecast time averaged	30	出现时间	Time of occurrence
15	总体平均预报累积	Ensemble mean forecast accumulated	31	空缺值	Missing value

注解:(1)"平均时间"表示一段时间内的连续平均值。

(2)"总体平均"表示一组时间位置上的各个不同值的平均。

(3)时间意义必须是与某个给定的时间段相对应。

D4.11 代码表 0 08 023 一级统计

代码数字	中文含义	英文含义	代码数字	中文含义	英文含义
0—1	保留	Reserved	10	标准偏差(N)	Standard deviation (N)
2	最大值	Maximum value	11	谐波平均	Harmonic mean
3	最小值	Minimum value	12	平均平方根向量误差	Root-mean-square vector error
4	平均值	Mean value	13	均方根	Root-mean-square
5	中值	Median value	14—31	保留	Reserved
6	模式的值	Modal value	32	向量平均	Vector mean
7	平均绝对误差	Mean absolute error	33—62	保留给局地使用	Reserved for local use
8	保留	Reserved	63	空缺值	Missing value
9	标准偏差的最优估计($N-1$)	Best estimate of standard deviation ($N-1$)			

注解:所有一级统计都取原始数据描述符中定义的单位

D4.12 代码表 0 10 063 气压倾向特性

代码数字	中文含义		英文含义	
0	先上升,然后下降;气压≥3小时前的		Increasing, then decreasing; atmospheric pressure the same or higher than three hours ago	
1	先上升,然后稳定;或先上升,然后缓慢上升	现在气压高于3小时前的	Increasing, then steady; or increasing, then increasingmore slowly	Atmospheric pressure now higher than three hours ago
2	稳定或不稳定上升		Increasing (steadily or unsteadily)	
3	先下降或稳定,然后上升;或先上升,然后迅速上升		Decreasing or steady, then increasing; or increasing, then increasing more rapidly	
4	稳定;气压与3小时前的相同		Steady; atmospheric pressure the same as three hours ago	
5	先下降,然后上升;气压≤3小时前的		Decreasing, then increasing; atmospheric pressure the same or lower than three hours ago	

代码数字	中文含义		英文含义	
6	先下降,然后稳定;或先下降,然后缓慢下降	现在气压低于3小时前的	Decreasing, then steady; or decreasing, then decreasing more slowly	Atmospheric pressure now lower than three hours ago
7	稳定或不稳定下降		Decreasing (steadily or unsteadily)	
8	先稳定或上升,然后下降;或先下降,然后迅速下降		Steady or increasing, then decreasing; or decreasing, then decreasing more rapidly	
9—14	保留		Reserved	
15	空缺值		Missing value	

说明:

(1)在来自自动测站的报告中,当气压倾向为正值时,使用数码2;当气压与3小时前的相同时,使用数码4;当气压倾向是负值时,使用数码7。

(2)在报告24小时气压变化的热带测站报告中,当气压倾向为正时,使用数码2;当气压与24小时以前的相同时,使用数码4;当气压倾向为负时,使用数码7。

D4.13 代码表 0 20 003 现在天气

代码数字	中文含义			英文含义		
00—49	观测时测站无降水			No precipitation at the station at the time of observation		
00—19	观测时或观测前1个小时内(除09时和17时外),测站无降水、雾、冰雾(除11时和12时外)、尘暴、沙暴、低吹雪或高吹雪			No precipitation, fog, ice fog (except for 11 and 12) duststorm, sand storm, drifting or blowing snow at the station* at the time of observation or, except for 09 and 17, during the preceding hour		
00	未观测或观测不到云的发展	前1小时内天空状况的特征变化	除大气光学现象之外无大气现象	Cloud development not observed or not observable	Characteristic change of the state of sky during the past hour	No meteors except photo-meteors
01	从总体上看,云在消散或未发展起来			Clouds generally dissolving or becoming less developed		
02	总的看来天空状态无变化			State of sky on the whole unchanged		
03	从总体上看,云在形成或发展			Clouds generally forming or developing		

代码数字	中文含义		英文含义	
04	烟雾使能见度降低。如草原或森林火灾,工业排烟或火山灰	霾、尘、沙或烟	Visibility reduced by smoke, e. g. veldt or forest fires, industrial smoke or volcanic ashes	Haze, dust, sand or smoke
05	霾		Haze	
06	在空气中悬浮大范围的尘土,这些尘土不是由观测时测站或附近的风吹起的		Widespread dust in suspension in the air, not raised by wind at or near the station at the time of observation	
07	观测时在测站或附近有风吹起的尘或沙,但无发展成熟的尘旋或沙旋,而且看不到尘暴或沙暴,或海洋站和沿海测站出现高吹飞沫		Dust or sand raised by wind at or near the station at the time of observation, but no well-developed dust whirl(s) or sand whirl(s), and no duststorm or sandstorm seen; or, in the case of sea stations and coastal stations, blowing spray at the station	
08	观测时或前 1 小时内在测站附近看到发展起来的尘旋或沙旋,但无尘暴或沙暴		Well-developed dust whirl(s) or sand whirl(s) seen at or near the station during the preceding hour or at the same time of observation, but no duststorm or sandstorm	
09	观测时尘暴或沙暴看得见的,或观测前 1 小时内在测站出现尘暴或沙暴		Duststorm or sandstorm within sight at the time of observation, or at the station during the preceding hour	
10	薄雾		Mist	
11	碎片状雾	在陆地或海洋测站有浅雾或冰雾,在陆地上其厚度不超过 2 米,或在海上不超过 10 米	Patches	shallow fog or ice fog at the station, whether on land or sea, not deeper than about 2 metres on land or 10 metres at sea
12	或多或少连续的雾		More or less continuous	
13	可见到闪电,听不到雷声		Lightning visible, no thunder heard	
14	降水看得见的,但没有降到地面或海面		Precipitation within sight, not reaching the ground or the surface of the sea	
15	降水看得见的,降到地面或海面,但距离估计为距测站 5 千米以外		Precipitation within sight, reaching the ground or the surface of the sea, but distant, i. e. estimated to be more than 5 km from the station	
16	降水看得见的,降到测站附近的陆地或海面上,但不在测站上		Precipitation within sight, reaching the ground or the surface of the sea, near to, but not at the station	

续表

代码数字	中文含义		英文含义	
17	雷暴,但在观测时无降水		Thunderstorm, but no precipitation at the time of observation	
18	飑	观测时或观测前1个小时内在测站出现或在测站可以看到	Squalls	at or within sight of the station during the preceding hour or at the time of observation
19	漏斗云		Funnel cloud(s)**	
20—29	观测前1小时内(但不是观测时)在测站出现降水、雾、冰雾或雷暴		Precipitation, fog, ice fog or thunderstorm at the station during the preceding hour but not at the time of observation	
20	毛毛雨(未冻结)或米雪	非阵性降水	Drizzle (not freezing) or snow grains	not falling as shower (s)
21	雨(未冻结)		Rain (not freezing)	
22	雪		Snow	
23	雨夹雪或冰丸		Rain and snow or ice pellets	
24	冻毛毛雨或冻雨		Freezing drizzle or freezing rain	
25	阵雨		Shower(s) of rain	
26	阵雪,或阵雨夹雪		Shower(s) of snow, or of rain and snow	
27	阵雹,或阵雨夹雹		Shower(s) of hail*, or of rain and hail*	
28	雾或冰雾		Fog or ice fog	
29	雷暴(有或无降水)		Thunderstorm (with or without precipitation)	
30—39	尘暴、沙暴、低吹雪或高吹雪		Duststorm, sandstorm, drifting or blowing snow	
30	轻度或中度沙尘暴	观测前1小时内已经减弱	Slight or moderate duststorm or sandstorm	has decreased during the preceding hour
31		观测前1小时内无明显变化		no appreciable change during the preceding hour
32		观测前1小时内开始或已加强		has begun or has increased during the preceding hour
33	强尘暴或沙暴	观测前1小时内已经减弱	Severe duststorm or sandstorm	has decreased during the preceding hour
34		观测前1小时内无明显变化		no appreciable change during the preceding hour
35		观测前1小时内开始或已加强		has begun or has increased during the preceding hour

续表

代码数字	中文含义		英文含义	
36	小或中低吹雪	一般在低处(低于视线)	Slight or moderate drifting snow	generally low (below eye level)
37	大低吹雪		Heavy drifting snow	
38	小或中高吹雪	一般在高处(高于视线)	Slight or moderate blowing snow	generally high (above eye level)
39	大高吹雪		Heavy blowing snow	
40—49	观测时有雾或冰雾		Fog or ice fog at the time of observation	
40	观测时在远处有雾或冰雾,但是观测前1个小时内在测站未出现过,雾或冰雾延伸到观测员所处的高度以上		Fog or ice fog at a distance at the time of observation, but not at the station during the preceding hour, the fog or ice fog extending to a level above that of the observer	
41	碎片状雾或冰雾		Fog or ice fog in patches	
42	雾或冰雾,可看到天空	观测前1小时内已变薄	Fog or ice fog, sky visible	has become thinner during the preceding hour
43	雾或冰雾,看不到天空		Fog or ice fog, sky invisible	
44	雾或冰雾,可看到天空	观测前1小时内没有可以感到的变化	Fog or ice fog, sky visible	no appreciable change during the preceding hour
45	雾或冰雾,看不到天空		Fog or ice fog, sky invisible	
46	雾或冰雾,可看到天空	观测前1小时内已开始或者变厚	Fog or ice fog, sky visible	has begun or has become thicker during the preceding hour
47	雾或冰雾,看不到天空		Fog or ice fog, sky invisible	
48	雾、正在沉降中的雾凇,可看到天空		Fog, depositing rime, sky visible	
49	雾、正在沉降中的雾凇,看不到天空		Fog, depositing rime, sky invisible	
50—99	观测时测站处的降水		Precipitation at the station at the time of observation	
50—59	毛毛雨		Drizzle	
50	毛毛雨,未冻结,间歇性	观测时密度小	Drizzle, not freezing, intermittent	slight at time of observation
51	毛毛雨,未冻结,连续性		Drizzle, not freezing, continuous	

199

代码数字	中文含义		英文含义	
52	毛毛雨,未冻结,间歇性	观测时密度中等	Drizzle, not freezing, intermittent	moderate at time of observation
53	毛毛雨,未冻结,连续性		Drizzle, not freezing, continuous	
54	毛毛雨,未冻结,间歇性	观测时密度大	Drizzle, not freezing, intermittent	heavy (dense) at time of observation
55	毛毛雨,未冻结,连续性		Drizzle, not freezing, continuous	
56	毛毛雨,冻结,密度小		Drizzle, freezing, slight	
57	毛毛雨,冻结,密度大或中等		Drizzle, freezing, moderate or heavy (dense)	
58	毛毛雨和雨,密度小		Drizzle and rain, slight	
59	毛毛雨和雨,密度中等或大		Drizzle and rain, moderate or heavy	
60—69	雨		Rain	
60	雨,未冻结,间歇性	观测时密度小	Rain, not freezing, intermittent	slight at time of observation
61	雨,未冻结,连续性		Rain, not freezing, continuous	
62	雨,未冻结,间歇性	观测时密度中等	Rain, not freezing, intermittent	moderate at time of observation
63	雨,未冻结,连续性		Rain, not freezing, continuous	
64	雨,未冻结,间歇性	观测时密度大	Rain, not freezing, intermittent	heavy at time of observation
65	雨,未冻结,连续性		Rain, not freezing, continuous	
66	雨,冻结,密度小		Rain, freezing, slight	
67	雨,冻结,密度中等或大		Rain, freezing, moderate or heavy	
68	雨或毛毛雨夹雪,密度小		Rain or drizzle and snow, slight	
69	雨或毛毛雨夹雪,密度中等或大		Rain or drizzle and snow, moderate or heavy	
70—79	非阵性固态降水		Solid precipitation not in showers	
70	间歇性降雪	观测时密度小	Intermittent fall of snowflakes	slight at time of observation
71	连续性降雪		Continuous fall of snowflakes	
72	间歇性降雪	观测时密度中等	Intermittent fall of snowflakes	moderate at time of observation
73	连续性降雪		Continuous fall of snowflakes	
74	间歇性降雪	观测时密度大	Intermittent fall of snowflakes	heavy at time of observation
75	连续性降雪		Continuous fall of snowflakes	

代码数字	中文含义		英文含义	
77	米雪(有或无雾)		Snow grains (with or without fog)	
78	孤立的星状雪晶(有或无雾)		Isolated star-like snow crystals (with or without fog)	
79	冰丸		Ice pellets	
80—99	阵性降水,或伴有雷暴或刚过去雷暴的降水		Showery precipitation, or precipitation with current or recent thunderstorm	
80	阵雨,密度小		Rain shower(s), slight	
81	阵雨,密度中等或大		Rain shower(s), moderate or heavy	
82	阵雨,猛烈		Rain shower(s), violent	
83	阵性雨夹雪,密度小		Shower(s) of rain and snow mixed, slight	
84	阵性雨夹雪,密度中等或大		Shower(s) of rain and snow mixed, moderate or heavy	
85	阵雪,密度小		Snow shower(s), slight	
86	阵雪,密度中等或大		Snow shower(s), moderate or heavy	
87	阵性雪丸或小冰雹,伴随或不伴随有雨或雨夹雪	密度小	Shower(s) of snow pellets or small hail, with or without rain or rain and snow mixed	slight
88		密度中等或大		moderate or heavy
89	阵冰雹,伴随或不伴随有雨或雨夹雪,无雷	密度小	Shower(s) of hail, with or without rain or rain and snow mixed, not associated with thunder	slight
90		密度中等或大		moderate or heavy
91	观测时有小雨		Slight rain at time of observation	Thunderstorm during the preceding hour but not at time of Thunderstorm during the preceding hour but not at time of observation
92	观测时有中雨或大雨		Moderate or heavy rain at time of observation	
93	观测时有小雪,雨夹雪或雹	观测前1个小时内有雷暴但观测时无雷暴	Slight snow, or rain and snow mixed or hail* at time of observation	
94	观测时有中或大雪,雨夹雪或雹		Moderate or heavy snow, or rain and snow mixed or hail* at time of observation	
95	观测时有小或中雷暴,无雹但伴有雨夹雪或雪	观测时有雷暴	Thunderstorm, slight or moderate, without hail*, but with rain and/or snow at time of observation	Thunderstorm at time of observation

续表

代码数字	中文含义		英文含义	
96	观测时有小或中雷暴，有雹	观测时有雷暴	Thunderstorm, slight or moderate, with hail* at time of observation	Thunderstorm at time of observation
97	观测时有强雷暴，无雹，但伴有雨夹雪或雪		Thunderstorm, heavy, without hail*, but with rain and/or snow at time of observation	
98	观测时有雷暴并伴有尘暴或沙暴		Thunderstorm combined with duststorm or sandstorm at time of observation	
99	观测时有强雷暴，并伴有雹		Thunderstorm, heavy, with hail* at time of observation	
100—105	自动气象站报告的现在天气		Present weather reported from an automatic weather station	
100	没有观测到重要天气		No significant weather observed	
101	观测前1小时内，云通常正在消散或未发展起来		Clouds generally dissolving or becoming less developed during the past hour	
102	观测前1小时内，总的看来天空状态没有变化		State of sky on the whole unchanged during the past hour	
103	观测前1小时内，云通常正在现成或发展起来		Clouds generally forming or developing during the past hour	
104	空中悬浮着霾、烟或尘，能见度≥1千米		Haze or smoke, or dust in suspension in the air, visibility equal to, or greater than, 1 km	
105	空中悬浮着霾、烟或尘，能见度<1千米		Haze or smoke, or dust in suspension in the air, visibility less than 1 km	
106—109	保留		Reserved	
110	薄雾		Mist	
111	钻石尘		Diamond dust	
112	远处闪电		Distant lightning	
113—117	保留		Reserved	
118	飑		Squalls	
119	保留		Reserved	
120—126	用于报告观测前1小时但非观测时测站的降水、雾(或冰雾)或雷暴		Code figures 120—126 are used to report precipitation, fog (or ice fog) or thunderstorm at the station during the preceding hour but not at the time of observation	

续表

代码数字	中文含义	英文含义
120	雾*	Fog
121	降水*	Precipitation
122	毛毛雨(未冻结)或米雪	Drizzle (not freezing) or snow grains
123	雨(未冻结)	Rain (not freezing)
124	雪	Snow
125	冻毛毛雨或冻雨	Freezing drizzle or freezing rain
126	雷暴(有或无降水)	Thunderstorm (with or without precipitation)
127	低或高吹雪或吹沙	Blowing or drifting snow or sand
128	低或高吹雪或吹沙,能见度≥1千米	Blowing or drifting snow or sand, visibility equal to, or greater than, 1 km
129	低或高吹雪或沙,能见度<1千米	Blowing or drifting snow or sand, visibility less than 1 km
130	雾*	Fog
131	碎片状雾或冰雾	Fog or ice fog in patches
132	雾或冰雾,在过去1小时内已变薄	Fog or ice fog, has become thinner during the past hour
133	雾或冰雾,在过去1小时内无可以感到的变化)	Fog or ice fog, no appreciable change during the past hour
134	雾或冰雾,在过去1小时内开始或者已变厚	Fog or ice fog, has begun or become thicker during the past hour
135	雾,沉积成雾凇	Fog, depositing rime
136—139	保留	Reserved
140	降水*	Precipitation
141	小或中等降水	Precipitation, slight or moderate
142	强降水	Precipitation, heavy
143	液态降水,小或中等	Liquid precipitation, slight or moderate
144	液态降水,大	Liquid precipitation, heavy
145	固态降水,小或中等	Solid precipitation, slight or moderate
146	固态降水,大	Solid precipitation, heavy
147	冻结降水,小或中等	Freezing precipitation, slight or moderate
148	冻结降水,大	Freezing precipitation, heavy
149	保留	Reserved
150	毛毛雨*	Drizzle
151	小毛毛雨,未冻结	Drizzle, not freezing, slight
152	中毛毛雨,未冻结	Drizzle, not freezing, moderate
153	大毛毛雨,未冻结	Drizzle, not freezing, heavy
154	小毛毛雨,冻结	Drizzle, freezing, slight
155	中毛毛雨,冻结	Drizzle, freezing, moderate
156	大毛毛雨,冻结	Drizzle, freezing, heavy

续表

代码数字	中文含义	英文含义
157	小毛毛雨和雨	Drizzle and rain, slight
158	中或大毛毛雨和雨	Drizzle and rain, moderate or heavy
159	保留	Reserved
160	雨*	Rain
161	小雨,未冻结	Rain, not freezing, slight
162	中雨,未冻结	Rain, not freezing, moderate
163	大雨,未冻结	Rain, not freezing, heavy
164	小雨,冻结	Rain, freezing, slight
165	中雨,冻结	Rain, freezing, moderate
166	大雨,冻结	Rain, freezing, heavy
167	小雨(或毛毛雨)和雪	Rain (or drizzle) and snow, slight
168	中或大雨(或毛毛雨)和雪	Rain (or drizzle) and snow, moderate or heavy
169	保留	Reserved
170	雪*	Snow
171	小雪	Snow, slight
172	中雪	Snow, moderate
173	大雪	Snow, heavy
174	冰丸,密度小	Ice pellets, slight
175	冰丸,密度中等	Ice pellets, moderate
176	冰丸,密度大	Ice pellets, heavy
177	米雪	Snow grains
178	冰晶	Ice crystals
179	保留	Reserved
180	阵性或间歇性降水*	Shower(s) or intermittent precipitation
181	小阵雨或间歇性雨	Rain shower(s) or intermittent rain, slight
182	中阵雨或间歇性雨	Rain shower(s) or intermittent rain, moderate
183	大阵雨或间歇性雨	Rain shower(s) or intermittent rain, heavy
184	强阵雨或间歇性雨	Rain shower(s) or intermittent rain, violent
185	小阵雪或间歇性雪	Snow shower(s) or intermittent snow, slight
186	中阵雪或间歇性雪	Snow shower(s) or intermittent snow, moderate
187	大阵雪或间歇性雪	Snow shower(s) or intermittent snow, heavy
188	保留	Reserved
189	冰雹	Hail
190	雷暴*	Thunderstorm
191	小或中雷暴,无降水	Thunderstorm, slight or moderate, with no precipitation
192	小或中雷暴,有阵雨和/或阵雪	Thunderstorm, slight or moderate, with rain showers and/or snow showers
193	小或中雷暴,有冰雹	Thunderstorm, slight or moderate, with hail
194	大雷暴,无降水	Thunderstorm, heavy, with no precipitation

代码数字	中文含义	英文含义
195	大雷暴,有阵雨和/或阵雪	Thunderstorm, heavy, with rain showers and/or snow showers
196	大雷暴,有冰雹	Thunderstorm, heavy, with hail
197—198	保留	Reserved
199	龙卷	Tornado
200—299	现在天气(对人工或自动站现在天气报告的补充)	Present weather (in addition to present weather report from either a manned or an automatic station)
200—203	没有使用	Not used
204	火山灰高高地悬浮在大气中	Volcanic ash suspended in the air aloft
205	没有使用	Not used
206	厚尘霾,能见度小于1千米	Thick dust haze, visibility less than 1 km
207	在测站有高吹飞沫	Blowing spray at the station
208	低吹尘(吹沙)	Drifting dust (sand)
209	远处有尘墙或沙墙(像哈布尘)	Wall of dust or sand in distance (like haboob)
210	雪霾	Snow haze
211	乳白天空	Whiteout
212	没有使用	Not used
213	闪电(云至地面)	Lightning, cloud to surface
214—216	没有使用	Not used
217	干雷暴	Dry thunderstorm
218	没有使用	Not used
219	观测时或观测前1小时内,在测站或测站的视野范围内有龙卷(破坏性云)	Tornado cloud (destructive) at or within sight of the station during preceding hour or at the time of observation
220	火山灰沉降	Deposition of volcanic ash
221	尘或沙沉降	Deposition of dust or sand
222	露沉降	Deposition of dew
223	湿雪沉降	Deposition of wet snow
224	雾凇沉降	Deposition of soft rime
225	霜凇沉降	Deposition of hard rime
226	白霜沉降	Deposition of hoar frost
227	雨凇沉降	Deposition of glaze
228	冰壳(冰膜)沉降	Deposition of ice crust (ice slick)
229	没有使用	Not used
230	尘暴或沙暴,气温低于0℃	Duststorm or sandstorm with temperature below 0 ℃
231—238	没有使用	Not used

代码数字	中文含义		英文含义	
239	高吹雪,无法确认是否有降雪		Blowing snow, impossible to determine whether snow is falling or not	
240	没有使用		Not used	
241	海雾		Fog on sea	
242	山谷雾		Fog in valleys	
243	北极或南极海面烟雾		Arctic or Antarctic sea smoke	
244	蒸汽雾(海,湖或河流)		Steam fog (sea, lake or river)	
245	蒸汽雾(陆地)		Steam log (land)	
246	在积冰或积雪上的雾		Fog over ice or snow cover	
247	浓雾,能见度 60～90 米		Dense fog, visibility 60～90 m	
248	浓雾,能见度 30～60 米		Dense fog, visibility 30～60 m	
249	浓雾,能见度小于 30 米		Dense fog, visibility less than 30 m	
250	毛毛雨,降雨率	小于 0.10 毫米/小时	Drizzle, rate of fall	less than 0.10 mm $\cdot$ h^{-1}
251		0.10～0.19 毫米/小时		0.10～0.19 mm $\cdot$ h^{-1}
252		0.20～0.39 毫米/小时		0.20～0.39 mm $\cdot$ h^{-1}
253		0.40～0.79 毫米/小时		0.40～0.79 mm $\cdot$ h^{-1}
254		0.80～1.59 毫米/小时		0.80～1.59 mm $\cdot$ h^{-1}
255		1.60～3.19 毫米/小时		1.60～3.19 mm $\cdot$ h^{-1}
256		3.20～6.39 毫米/小时		3.20～6.39 mm $\cdot$ h^{-1}
257		大于等于 6.40 毫米/小时		6.40 mm $\cdot$ h^{-1} or more
258	没有使用		Not used	
259	毛毛雨夹雪		Drizzle and snow	
260	雨,降雨率	小于 1.0 毫米/小时	Rain, rate of fall	less than 1.0 mm $\cdot$ h^{-1}
261		1.0～1.9 毫米/小时		1.0～1.9 mm $\cdot$ h^{-1}
262		2.0～3.9 毫米/小时		2.0～3.9 mm $\cdot$ h^{-1}
263		4.0～7.9 毫米/小时		4.0～7.9 mm $\cdot$ h^{-1}
264		8.0～15.9 毫米/小时		8.0～15.9 mm $\cdot$ h^{-1}
265		16.0～31.9 毫米/小时		16.0～31.9 mm $\cdot$ h^{-1}
266		32.0～63.9 毫米/小时		32.0～63.9 mm $\cdot$ h^{-1}
267		大于等于 64.0 毫米/小时		64.0 mm $\cdot$ h^{-1} or more
268－269	没有使用		Not used	
270	雪,降雪率	小于 1.0 厘米/小时	Snow, rate of fall	less than 1.0 cm $\cdot$ h^{-1}
271		1.0～1.9 厘米/小时		1.0～1.9 cm $\cdot$ h^{-1}
272		2.0～3.9 厘米/小时		2.0～3.9 cm $\cdot$ h^{-1}
273		4.0～7.9 厘米/小时		4.0～7.9 cm $\cdot$ h^{-1}
274		8.0～15.9 厘米/小时		8.0～15.9 cm $\cdot$ h^{-1}
275		16.0～31.9 厘米/小时		16.0～31.9 cm $\cdot$ h^{-1}
276		32.0～63.9 厘米/小时		32.0～63.9 cm $\cdot$ h^{-1}
277		大于等于 64.0 厘米/小时		64.0 cm $\cdot$ h^{-1} or more
278	晴空降雪或冰晶		Snow or ice crystal precipitation from a clear sky	
279	湿雪,落地触物冻结		Wet snow, freezing on contact	

续表

代码数字	中文含义	英文含义
280	降雨	Precipitation of rain
281	降雨,冻结	Precipitation of rain, freezing
282	降雨夹雪	Precipitation of rain and snow mixed
283	降雪	Precipitation of snow
284	雪丸或小冰雹	Precipitation of snow pellets or small hall
285	雪丸或小冰雹,夹雨	Precipitation of snow pellets or small hail, with rain
286	雪丸或小冰雹,伴有雨夹雪	Precipitation of snow pellets or small hail, with rain and snow mixed
287	雪丸或小冰雹,夹雪	Precipitation of snow pellets or small hail, with snow
288	降冰雹	Precipitation of hail
289	降冰雹夹雨	Precipitation of hail, with rain
290	降冰雹,伴有雨夹雪	Precipitation of hall, with rain and snow mixed
291	降冰雹夹雪	Precipitation of hail, with snow
292	海上阵性降水或雷暴	Shower(s) or thunderstorm over sea
293	山上阵性降水或雷暴	Shower(s) or thunderstorm over mountains
294—299	未用	Not used
300—307	保留	Reserved
508	无重要天气现象报告,现在过去天气省略	No significant phenomenon to report, present and past weather omitted
509	无观测,无资料,现在和过去天气省略	No observation, data not available, present and past weather omitted
510	现在和过去天气空缺,但预计会收到	Present and past weather missing, but expected
511	空缺值	Missing value

说明:

(1)本代码表的中部(数码100—199)包括了对天气现象的不同程度的描述,适用于简单自动测站和越来越复杂的自动测站。

(2)天气的一般术语(如:雾、毛毛雨)用于那些能够辨别天气类型但无法辨别其他天气情况的自动气象站。本编码表中一般术语用星号*加以指示。

(3)降水类别的数码(104—148)按复杂程度逐渐递增的顺序排列。例如,一个功能简单,只能测出是否有降水的测站可使用数码140(降水)。进一步而言,一个能测出雨量但无法测出其类型的自动气象站可使用数码141或142,有能力测出降水类型(液态、固体、冻结)和降水量的自动气象站可使用143—148。凡是能够报告实际降水类型(如:毛毛雨)但无法报告降水量的自动站可使用适当的整十的数码(如:150表示毛毛雨类,160表示雨类)。

(4)代码19中的漏斗云是指陆龙卷或水龙卷。

(5)代码27,93,94,95,96,97,99中的雹是指小冰雹或米雪。

D4.14 代码表 0 20 004 现在天气

代码数字	中文含义	英文含义
0	整个期间云覆盖天空一半以下	Cloud covering 1/2 or less of the sky throughout the appropriate period
1	部分期间云覆盖天空一半以上,而在另一部分期间覆盖天空一半以下	Cloud covering more than 1/2 of the sky during part of the appropriate period and covering 1/2 or less during part of the period
2	整个期间云覆盖天空一半以上	Cloud covering more than 1/2 of the sky throughout the appropriate period
3	沙暴,尘暴或高吹雪	Sandstorm, duststorm or blowing snow
4	雾、冰或浓霾	Fog or ice fog or thick haze
5	毛毛雨	Drizzle
6	雨	Rain
7	雪或雨夹雪	Snow, or rain and snow mixed
8	阵性降水	Shower(s)
9	雷暴(有或无降水)	Thunderstorm(s) with or without precipitation
10	未观测到重要天气	No significant weather observed
11	能见度下降*	Visibility reduced (see Note)
12	有高吹现象,能见度下降	Blowing phenomena, visibility reduced
13	雾*	Fog (see Note)
14	降水*	Precipitation
15	毛毛雨*	Drizzle
16	雨*	Rain
17	雪或冰丸	Snow or ice pellets
18	阵性或间歇性降水	Showers or intermittent precipitation
19	雷暴	Thunderstorm
20—30	保留	Reserved
31	空缺值	Missing value

说明:数码10—19对天气的描述是一个逐步复杂的过程,以适应各种自动气象站所具有不同的天气辨别能力。只具有基本辨别能力的测站可使用数值低的数码和基本类别描述(以星号 * 表示)。那些具有较高辨别能力的测站将使用更详细的天气描述(数值高的数码)。

D4.15 代码表 0 20 011 云量

代码数字	中文含义		英文含义	
0	0	0	0	0
1	≤1/8,≠0	≤1/10,≠0	1 okta or less, but not zero	1/10 or less, but not zero
2	2/8	2/10—3/10	2 oktas	2/10—3/10
3	3/8	4/10	3 oktas	4/10

代码数字	中文含义		英文含义	
4	4/8	5/10	4 oktas	5/10
5	5/8	6/10	5 oktas	6/10
6	6/8	7/10－8/10	6 oktas	7/10－8/10
7	≥7/8,但≠8/8	≥9/10,≠10/10	7 oktas or more, but not 8 oktas	9/10 or more, but not 10/10
8	8/8	10/10	8 oktas	10/10
9	由于雾和(或)其他天气现象,天气朦胧		Sky obscured by fog and/or other meteorological phenomena	
10	由于雾和(或)其他天气现象,天气部分朦胧		Sky partially obscured by fog and/or other meteorological phenomena	
11	散布		Scattered	
12	破碎的		Broken	
13	少云		Few	
14	保留		Reserved	
15	未进行观测,或者由于雾或其它天气现象之外的原因,云量无法辩认		Cloud cover is indiscernible for reasons other than fog or other meteorological phenomena, or observation is not made	

D4.16　代码表 0 20 012 扩充的云类型

代码数字	中文含义	英文含义
0	卷云(Ci)CI	Cirrus (Ci)
1	卷积云(Cc)CC	Cirrocumulus (Cc)
2	卷层云(Cs)CS	Cirrostratus (Cs)
3	高积云(Ac)AC	Altocumulus (Ac)
4	高层云(As)AS	Altostratus (As)
5	雨层云(Ns)NS	Nimbostratus (Ns)
6	层积云(Sc)SC	Stratocumulus (Sc)
7	层云(St)ST	Stratus (St)
8	积云(Cu)CU	Cumulus (Cu)
9	积雨云(Cb)CB	Cumulonimbus (Cb)
10	无高云	No CH clouds
11	毛卷云,有时呈钩状,并非逐渐入侵天空	Cirrus fibratus, sometimes uncinus, not progressively invading the sky
12	密卷云,呈碎片或卷束状,云量往往并不增加,有时看起来像积雨云上部分残余部分;或堡状卷云或絮状卷云	Cirrus spissatus, in patches or entangled sheaves, which usually do not increase and sometimes seem to be the remains of the upper part of a Cumulonimbus; or Cirrus castellanus or floccus

代码数字	中文含义	英文含义
13	积雨云衍生的密卷云	Cirrus spissatus cumulonimbogenitus
14	钩卷云或毛卷云,或者两者同时出现,逐渐入侵天空,并增厚成个整体	Cirrus uncinus or fibratus, or both, progressively invading the sky; they generally thicken as a whole
15	卷云(通常呈带状)和卷层云,或仅出现卷层云,逐渐入侵天空,并增厚成一个整体;其幕前缘高度角未达到45°	Cirrus (often in bands) and Cirrostratus, or Cirrostratus alone, progressively invading the sky; they generally thicken as a whole, but the continuous veil does not reach 45 degrees above the horizon
16	卷云(通常呈带状)和卷层云,或只有卷层云,逐渐入侵天空,但不布满整个天空	Cirrus (often in bands) and Cirrostratus, or Cirrostratus alone, progressively invading the sky; they generally thicken as a whole, but the continuous veil does not reach 45 degrees above the horizon above the horizon, without the sky being totally covered
17	整个天空布满卷层云	Cirrostratus covering the whole sky
18	卷层云未逐渐入侵天空而且尚未覆盖整个天空	Cirrostratus not progressively invading the sky and not entirely covering it
19	只出现卷积云,或卷积云在高云中占主要地位	Cirrocumulus alone, or Cirrocumulus predominant among the CH clouds
20	无中云	No CM clouds
21	透光高层云	Altostratus translucidus
22	蔽光高层云或雨层云	Altostratus opacus or Nimbostratus
23	单层透光高积云	Altocumulus translucidus at a single level
24	透光高积云碎片(通常呈荚状),持续变化并且出现单层或多层	Patches (often lenticular) of Altocumulus translucidus, continually changing and occurring at one or more levels
25	带状透光高积云,或单层或多层透光或蔽光高积云,逐渐入侵天空;其高积云逐渐增厚成一整体。	Altocumulus translucidus in bands, or one or more layers of Altocumulus translucidus or opacus, progressively invading the sky; these Altocumulus clouds generally thicken as a whole
26	积云衍生(或积雨云衍生)的高积云	Altocumulus cumulogenitus (or cumulonimbogenitus)

续表

代码数字	中文含义	英文含义
27	两层或多层透光或蔽光高积云或单层蔽光高积云,不逐渐入侵天空;或伴随高层云或雨层云的高积云	Altocumulus translucidus or opacus in two or more layers, or Altocumulus opacus in a single layer, not progressively invading the sky, or Altocumulus with Altostratus or Nimbostratus
28	堡状或絮状高积云	Altocumulus castellanus or floccus
29	浑乱天空中的高积云,一般出现几层	Altocumulus of a chaotic sky, generally at several levels
30	无低云	No CL clouds
31	淡积云或碎积云(恶劣天气*除外)或者两者同时出现	Cumulus humilis or Cumulus fractus other than of bad weather,* or both
32	中展积云或浓积云,塔状积云,伴随或不伴随碎积云、淡积云、层积云、所有云的底部均处于同一高度上	Cumulus mediocris or congestus, Towering cumulus (TCU), with or without Cumulus of species fractus or humilis or Stratocumulus, all having their bases at the same level
33	秃积雨云,有或无积云、层积云或层云	Cumulonimbus calvus, with or without Cumulus, Stratocumulus or Stratus
34	积云衍生的层积云	Stratocumulus cumulogenitus
35	积云衍生的层积云以外的层积云	Stratocumulus other than Stratocumulus cumulogenitus
36	薄幕层积云或碎层云(恶劣天气*除外),或者两者同时出现	Stratus nebulosus or Stratus fractus other than of bad weather,* or both
37	碎层云或碎积云(恶劣天气*除外)或者两者同时出现	Stratus fractus or Cumulus fractus of bad weather,* or both (pannus), usually below Altostratus or Nimbostratus
38	积云或层积云(积云性层积云除外)各云底位于不同高度上	Cumulus and Stratocumulus other than Stratocumulus cumulogenitus, with bases at different levels
39	鬃状积雨云(通常呈砧状),有或无秃积雨云、积云、层积云、层云或碎片云	Cumulonimbus capillatus (often with an anvil), with or without Cumulonimbus calvus, Cumulus, Stratocumulus, Stratus or pannus
40	高云(CH)	CH
41	中云(CM)	CM
42	低云(CL)	CL
43	荚状层积云	SCT

续表

代码数字	中文含义	英文含义
44	碎雨云	FNB
45	透光高层云	ASR
46	蔽光高层云	ASP
47	伪卷云	CIO
48	碎积云	FCB
49	堡状高积云	ACA
50	透光层积云	SCR
51	蔽光层积云	SCP
52	堡状层积云	SCA
53—58	保留	Reserved
59	由于昏暗、雾、尘暴、沙暴或其他类似现象而看不到云	Cloud not visible owing to darkness, fog, duststorm, sandstorm, or other analogous phenomena
60	由于昏暗、雾、高吹尘、高吹或其他类似现象,或者由于低云组成的连续云层,看不到高云	CH clouds invisible owing to darkness, fog, blowing dust or sand, or other similar phenomena, or because of a continuous layer of lower clouds
61	由于昏暗、雾、高吹尘、高吹沙或其他类似现象,或者由于低云组成的连续云层,看不到中云	CM clouds invisible owing to darkness, fog, blowing dust or sand, or other similar phenomena, or because of continuous layer of lower clouds
62	由于昏暗、雾、高吹尘、高吹沙或其他类似现象,看不到低云	CL clouds invisible owing to darkness, fog, blowing dust or sand, or other similar phenomena
63	空缺值	Missing value

∗"恶劣天气"表示在降水期间和降水前后一段时间内普遍存在的天气状况。

D4.17 代码表 0 20 062 地面状况

代码数字	中文含义		英文含义	
0	地表干燥(无裂缝,无明显尘土或散沙)	无雪或不可测量覆冰量	Surface of ground dry (without cracks and no appreciable amount of dust or loose sand)	without snow or measurable ice cover
1	地表潮湿		Surface of ground moist	
2	地表积水(地面上小的或大的注中有积水)		Surface of ground wet (standing water in small or large pools on surface)	

代码数字	中文含义		英文含义	
3	被水淹	无雪或不可测量覆冰量	Flooded	without snow or measurable ice cover
4	地表冻结		Surface of ground frozen	
5	地面有雨凇		Glaze on ground	
6	散沙或干的尘土没有完全覆盖地面		Loose dry dust or sand not covering ground completely	
7	一层薄的散沙或干的尘土覆盖整个地面		Thin cover of loose dry dust or sand covering ground completely	
8	一层中等或较大厚度的散沙或干的尘土覆盖整个地面		Moderate or thick cover of loose dry dust or sand covering ground completely	
9	极干燥并出现裂缝		Extremely dry with cracks	
10	地面主要由冰覆盖		Ground predominantly covered by ice	
11	密实雪或湿雪（有或无冰）覆盖不足地面的一半	有雪或可测量覆冰量	Compact or wet snow（with or without ice）covering less than one half of the ground	with snow or measurable ice cover
12	密实雪或湿雪（有或无水）覆盖地面一半以上,但还未及整个地面		Compact or wet snow（with or without ice）covering at least one half of the ground but ground not completely covered	
13	均匀密实雪或湿雪层完全覆盖地面		Even layer of compact or wet snow covering ground completely	
14	非均匀密实雪或湿雪层完全覆盖地面		Uneven layer of compact or wet snow covering ground completely	
15	松散的干雪覆盖不足地面的一半		Loose dry snow covering less than one half of the ground	
16	松散的干雪覆盖地面一半以上,但未覆盖整个地面		Loose dry snow covering at least one half of the ground but ground not completely covered	
17	均匀的松散干雪层覆盖整个地面		Even layer of loose dry snow covering ground completely	
18	非均匀的松散干雪层覆盖整个地面		Uneven layer of loose dry snow covering ground completely	
19	雪覆盖全部地面;深雪堆		Snow covering ground completely; deep drifts	

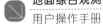

续表

代码数字	中文含义	英文含义
20—30	保留	Reserved
31	空缺值	Missing value

说明:

(1)数码0—2和4的定义适用于典型的裸地,数码3,5—9和10—19的定义适用于典型的开阔地区。

(2)在任何情况下,报告都可用到大数码。

(3)在上述代码表中,每次涉及到冰时,其范围还包括除雪以外的固态降水

D4.18 代码表 0 31 021 附加字段意义

代码数字	中文含义	英文含义
0	PPI 或保留	PPI or reserved
1	1 位质量指示码,0＝质量好的,1＝质量有怀疑的或差的	1-bit indicator of quality, 0＝good, 1＝suspect or bad
2	2 位质量指示码,0＝质量好的,1＝稍有怀疑的,2＝很大怀疑的,3＝质量差的	2-bit indicator of quality, 0＝good, 1＝slightly suspect, 2＝highly suspect, 3＝bad
3—5	保留	Reserved
6	根据 GTSPP 的 4 位质量控制指示码: 0＝没有质量控制 1＝正确值(所有检测通过) 2＝或许正确的但和统计不一致(不同于气候值) 3＝或许不正确的(尖峰,梯度,…,如果其他检测通过) 4＝不正确的、不可能的值(超出范围,铅直不稳定度,等廓线) 5＝在质量控制中被修改过的值 6—7＝不使用(保留) 8＝内插的值 9＝空缺值	4-bit indicator of quality control class according to GTSPP: 0＝Unqualified 1＝Correct value (all checks passed) 2＝Probably good but value inconsistent with statistics(differ from climatology) 3＝Probably bad (spike, gradient, .. if other tests passed) 4＝Bad value, impossible value (out of scale, vertical instability, constant profile) 5＝Value modified during quality control 6—7＝Not used (reserved) 8＝Interpolated value 9＝Missing value
7	置信百分比	Percentage confidence
8—20	保留	Reserved
21	1 位订正指示符(见说明(2))　0＝原始值,1＝替代/订正值	1-bit indicator of correction (see Note 2) 0＝original value, 1＝substituted/corrected value
22—61	保留给局地使用	Reserved for local use

续表

代码数字	中文含义	英文含义
62	8 bit 质量控制指示码: 由高至低(从左到右)1—4 位,表示省级质控码;5—8 位,表示台站质控码。 省级质控码和台站质控码的值均按如下含义: 0 正确 1 可疑 2 错误 3 订正数据 4 修改数据 5 预留 6 预留 7 预留 8 缺测 9 未作质量控制	
63	空缺值	Missing value

D4.19 代码表 0 33 035 人工/自动质量控制

代码值	含义
代码值	含义
0	通过自动质量控制但没有人工检测
1	通过自动质量控制且有人工检测并通过
2	通过自动质量控制且有人工检测并删除
3	自动质量控制失败,也没有人工检测
4	自动质量控制失败,但有人工检测并失败
5	自动质量控制失败,但有人工检测并重新插入
6	自动质量控制将数据标志为可疑数据,无人工检测
7	自动质量控制将数据标志为可疑数据,有人工检测,但失败
8	有人工检测,但失败
9—14	保留
15	缺测值

D4.20 代码表 0 33 041 后面值的属性

代码数字	中文含义	英文含义
0	后面的值是真值	The following value is the true value
1	后面的值是高于真值(测量结果达到仪器下限)	The following value is higher than the true value (the measurement hit the lower limit of the instrument)

续表

代码数字	中文含义	英文含义
2	后面的值是低于真值（测量结果达到仪器上限）	The following value is lower than the true value (the measurement hit the higher limit of the instrument)
3	空缺值	Missing value

说明：如果其值被界定，本描述符将同能见度数据或云高数据结合使用。如果报告数据是真值，其代码标志为 0。然而测量结果有达到仪器量度极限的能力。如果报告值高于真值，其代码标志为 1。如果报告值低于真值，其代码标志为 2。

附录 E 国内气象辐射分钟观测数据 BUFR 编码格式(V23.1.6)

E1 范围

本格式规定了气象辐射站分钟观测数据的编码格式、编报规则和代码,适用于国内气象辐射站分钟观测数据的编报和传输。

E2 格式

编码数据由指示段、标识段、数据描述段、数据段和结束段构成。

E2.1 0 段——指示段

指示段包括 BUFR 编码数据的起始标志、BUFR 编码数据的长度和 BUFR 的版本号。

表 E1 指示段编码说明

八位组	含义	值
1—4	BUFR 数据的起始标志	4 个字符"BUFR"
5—7	BUFR 数据长度(以八位组为单位)	BUFR 数据的总长度
8	BUFR 编码版本号	现行版本号为 4

注:8 个比特称为 1 个八位组。

E2.2 1 段——标识段

标识段指示数据编码的主表标识、数据源中心、数据类型、数据子类型、表格版本号、数据的生产时间等信息。

表 E2 标识段编码说明

八位组	含义	值	说 明
1—3	标识段段长(以八位组为单位)	23	标识段的长度(单位为八位组)
4	BUFR 主表标志	0	使用标准的 WMO FM—94 BUFR 表
5—6	数据源中心	38	公共代码表 C-11
7—8	数据源子中心	0	未被子中心加工过
9	更新序列号	非负整数	原始编号为 0,其后,随资料更新编号逐次增加。
10	2 段选编段指示	0	表示此数据不包含选编段
11	数据类型	0	表示本资料为地面资料(表 A)
12	国际数据子类型	1	来自固定陆地测站的辅助天气观测(公共代码表 C-13)
13	国内数据子类型	1	本地数据子类型,见代码表 C-13-L,表示辐射 n 分钟观测
14	主表版本号	23	BUFR 主表的版本号
15	本地表版本号	1	表示本地表版本为 1
16—17	年(世界时)	正整数	数据编报时间:年(4 位公元年)

八位组	含义	值	说　明
18	月（世界时）	正整数	数据编报时间：月
19	日（世界时）	正整数	数据编报时间：日
20	时（世界时）	非负整数	数据编报时间：时
21	分（世界时）	非负整数	数据编报时间：分
22	秒（世界时）	非负整数	数据编报时间：秒
23	自定义	0	为本地自动数据处理中心保留

注：表中数据编报时间使用世界时（UTC）。

E2.3　3 段——数据描述段

数据描述段主要指示 BUFR 资料的数据子集数目、是否压缩以及数据段中所编数据的要素描述符。

表 E3　数据描述段编码说明

八位组	含义	说明
1—3	数据描述段段长	置 9，表示数据描述段的长度为 9 个八位组
4	保留位	置 0
5—6	数据子集数	非负整数，表示 BUFR 报文中包含的观测记录数。
7	数据性质和压缩方式	置 128，即二进制编码为 10000000，左起第一个比特置 1，表示观测数据，第二个比特置 0，表示采用非压缩格式。
8—9	国内地面辐射分钟观测资料	3 07 195*

* 3 07 195 为国内本地模板，模板展开见表 E2.4。

E2.4　4 段——数据段

数据段包括本段段长、保留字段以及数据描述段中的描述符（3 07 195）展开后的所有要素描述符对应数据的编码值。

表 E4　数据段编码说明

内容		含义	单位	比例因子	基准值	数据宽度（比特）
数据段段长		数据段长度（以八位组为单位）	数字	0	0	24
保留字段		置 0	数字	0	0	8
测站基本信息和时间						
3 01 004	0 01 001	WMO 区号	数字	0	0	7
	0 01 002	WMO 站号	数字	0	0	10
	0 01 015	站名	字符	0	0	160
	0 02 001	测站类型	代码表	0	0	2
0 01 101		国家和地区标识符	代码表	0	0	10
自定义 0 01 192		本地测站标识	字符	0	0	72

内容		含义	单位	比例因子	基准值	数据宽度（比特）
3 01 011	0 04 001	年（地方时）	a	0	0	12
	0 04 002	月（地方时）	mon	0	0	4
	0 04 003	日（地方时）	d	0	0	6
3 01 013	0 04 004	时（地方时）	h	0	0	5
	0 04 005	分（地方时）	min	0	0	6
	0 04 006	秒（＝0）	s	0	0	6
3 01 021	0 05 001	纬度（高精度）	°	5	−9000000	25
	0 06 001	经度（高精度）	°	5	−18000000	26
0 07 030		平均海平面以上测站地面高度	m	1	−4000	17
0 07 031		平均海平面以上气压表高度	m	1	−4000	17
1 02 009		2 个描述符重复 9 次				
0 07 032		传感器离地面高度（直射辐射、散射辐射、总辐射、反射辐射、大气长波辐射、地球长波辐射、紫外辐射、光合有效辐射、净全辐射）	m	2	0	16
自定义 0 02 201		本地地面传感器标识	代码表	0	0	3
0 25 061		版本号	字符	0	0	96
1 01 002		后面 1 个描述符重复 2 次（第 1 次是台站质量控制标识，第 2 次是省级质量控制标识）				
0 33 035		人工/自动质量控制	代码表	0	0	4
观测数据						
0 04 015		时间增量（＝−n 分）	min	0	−2048	12
0 04 065		短时间增量（＝1 分）	min	0	−128	8
2 04 008		增加 8 比特位的附加字段，其中前 4 个比特为省级质量控制码，后 4 个比特为台站级质量控制码				
0 31 021		附加字段的意义	代码表	0	0	6
1 56 000		56 描述符的延迟重复				
0 31 001		延迟描述符重复因子（＝n）	数字	0	0	8
0 08 023		一阶统计（＝4）平均值	代码表	0	0	6
自定义 0 14 192		直射辐射辐照度	W・m^{-2}	0	0	24
自定义 0 14 193		散射辐射辐照度	W・m^{-2}	0	0	24
自定义 0 14 194		总辐射辐照度	W・m^{-2}	0	0	24
自定义 0 14 195		反射辐射辐照度	W・m^{-2}	0	0	24
自定义 0 14 196		大气长波辐射辐照度	W・m^{-2}	0	0	24

续表

内容	含义	单位	比例因子	基准值	数据宽度（比特）
自定义 0 14 197	地球长波辐射辐照度	W・m^{-2}	0	0	24
自定义 0 14 198	紫外辐射（UVA）辐照度	W・m^{-2}	2	0	24
自定义 0 14 199	紫外辐射（UVB）辐照度	W・m^{-2}	2	0	24
自定义 0 14 200	光合有效辐射辐照度	μmol・s^{-1}・m^{-2}	0	0	24
自定义 0 14 206	净全辐射辐照度	W・m^{-2}	0	−1000	24
自定义 0 14 207	紫外辐射辐照度	W・m^{-2}	2	0	24
0 08 023	一阶统计（＝缺测值）	代码表	0	0	6
0 08 023	一阶统计（＝3）最小值（分钟数据目前只能输出瞬间值，没有最大最小）	代码表	0	0	6
自定义 0 14 192	直射辐射辐照度	W・m^{-2}	0	0	24
自定义 0 14 193	散射辐射辐照度	W・m^{-2}	0	0	24
自定义 0 14 194	总辐射辐照度	W・m^{-2}	0	0	24
自定义 0 14 195	反射辐射辐照度	W・m^{-2}	0	0	24
自定义 0 14 196	大气长波辐射辐照度	W・m^{-2}	0	0	24
自定义 0 14 197	地球长波辐射辐照度	W・m^{-2}	0	0	24
自定义 0 14 198	紫外辐射（UVA）辐照度	W・m^{-2}	2	0	24
自定义 0 14 199	紫外辐射（UVB）辐照度	W・m^{-2}	2	0	24
自定义 0 14 200	光合有效辐射辐照度	μmol・s^{-1}・m^{-2}	0	0	24
自定义 0 14 206	净全辐射辐照度	W・m^{-2}	0	−1000	24
自定义 0 14 207	紫外辐射辐照度	W・m^{-2}	2	0	24
0 08 023	一阶统计（＝缺测值）	代码表	0	0	6
0 08 023	一阶统计（＝2）最大值	代码表	0	0	6
自定义 0 14 192	直射辐射辐照度	W・m^{-2}	0	0	24
自定义 0 14 193	散射辐射辐照度	W・m^{-2}	0	0	24
自定义 0 14 194	总辐射辐照度	W・m^{-2}	0	0	24
自定义 0 14 195	反射辐射辐照度	W・m^{-2}	0	0	24
自定义 0 14 196	大气长波辐射辐照度	W・m^{-2}	0	0	24
自定义 0 14 197	地球长波辐射辐照度	W・m^{-2}	0	0	24
自定义 0 14 198	紫外辐射（UVA）辐照度	W・m^{-2}	2	0	24
自定义 0 14 199	紫外辐射（UVB）辐照度	W・m^{-2}	2	0	24
自定义 0 14 200	光合有效辐射辐照度	μmol・s^{-1}・m^{-2}	0	0	24
自定义 0 14 206	净全辐射辐照度	W・m^{-2}	0	−1000	24
自定义 0 14 207	紫外辐射辐照度	W・m^{-2}	2	0	24
0 08 023	一阶统计（＝缺测值）	代码表	0	0	6
0 08 023	一阶统计（＝10）标准差	代码表	0	0	6
自定义 0 14 192	直射辐射辐照度	W・m^{-2}	0	0	24
自定义 0 14 193	散射辐射辐照度	W・m^{-2}	0	0	24
自定义 0 14 194	总辐射辐照度	W・m^{-2}	0	0	24
自定义 0 14 195	反射辐射辐照度	W・m^{-2}	0	0	24

内容	含义	单位	比例因子	基准值	数据宽度（比特）
自定义 0 14 196	大气长波辐射辐照度	$W \cdot m^{-2}$	0	0	24
自定义 0 14 197	地球长波辐射辐照度	$W \cdot m^{-2}$	0	0	24
自定义 0 14 198	紫外辐射（UVA）辐照度	$W \cdot m^{-2}$	2	0	24
自定义 0 14 199	紫外辐射（UVB）辐照度	$W \cdot m^{-2}$	2	0	24
自定义 0 14 200	光合有效辐射辐照度	$\mu mol \cdot s^{-1} \cdot m^{-2}$	0	0	24
自定义 0 14 206	净全辐射辐照度	$W \cdot m^{-2}$	0	-1000	24
自定义 0 14 207	紫外辐射辐照度	$W \cdot m^{-2}$	2	0	24
0 08 023	一阶统计（＝缺测值）	代码表	0	0	6
1 01 005	1 个描述符重复 5 次				
0 11 002	辐射表平均通风速度（散射辐射、总辐射、反射辐射、大气长波辐射、地球长波辐射）	$m \cdot s^{-1}$	1	0	12
1 01 006	1 个描述符重复 6 次				
0 12 002	辐射表平均表体温度（散射辐射、总辐射、反射辐射、大气长波辐射、地球长波辐射）和紫外辐射表恒温器平均温度	K	1	0	12
2 04 000	删去增加的附加字段				

E2.5　5 段——结束段

结束段编码说明见表 E5。

表 E5　结束段编码说明

八位组	含义	值
1—4	BUFR 报文的结束标志	4 个字符"7777"

E3　自定义描述符和标志表

E3.1　自定义要素描述符

代码数字	意义	单位	比例因子	基准值	数据宽度（比特）
0 01 192	本地测站标识	字符	0	0	72
0 02 201	本地地面传感器标识	代码表	0	0	3
0 14 192	直射辐射辐照度	$W \cdot m^{-2}$	0	0	24
0 14 193	散射辐射辐照度	$W \cdot m^{-2}$	0	0	24
0 14 194	总辐射辐照度	$W \cdot m^{-2}$	0	0	24

续表

代码数字	意义	单位	比例因子	基准值	数据宽度（比特）
0 14 195	反射辐射辐照度	$W \cdot m^{-2}$	0	0	24
0 14 196	大气长波辐射辐照度	$W \cdot m^{-2}$	0	0	24
0 14 197	地球长波辐射辐照度	$W \cdot m^{-2}$	0	0	24
0 14 198	紫外辐射（UVA）辐照度	$W \cdot m^{-2}$	2	0	24
0 14 199	紫外辐射（UVB）辐照度	$W \cdot m^{-2}$	2	0	24
0 14 200	光合有效辐射辐照度	$\mu mol \cdot s^{-1} \cdot m^{-2}$	0	0	24
0 14 206	净全辐射辐照度	$W \cdot m^{-2}$	0	−1000	24
0 14 207	紫外辐射辐照度	$W \cdot m^{-2}$	2	0	24

E3.2　C−13−L 本地数据子类型

数据类别		国际数据子类		本地数据子类型	
代码值	名称	代码值	名称（相应的传统字母数字代码在括号中）	代码值	名称
0	地面资料 — 陆地	1	来自固定陆地测站的辅助天气观测（SYNOP）	1	辐射 n 分钟观测
				2	辐射一小时观测

E3.3　自定义标志表 0 02 201 本地地面传感器标识

代码数字	含义	代码数字	含义	代码数字	含义
0	无观测任务	3	加盖期间	6	日落后日出前无数据
1	自动观测	4	仪器故障期间	7	缺测
2	人工观测	5	仪器维护期间		

E4　WMO 代码表

E4.1　代码表 0 01 101 国家和地区标识符（部分）

代码数字	中文含义	英文含义
0−99	保留	Reserved
……		
205	中国	China
207	香港	Hong Kong，China
235−299	区协Ⅱ保留	Reserved for Region Ⅱ（Asia）
……		

E4.2　代码表 0 02 001 测站类型

代码值	含义	代码值	含义
0	自动站	2	混合站(人工和自动)
1	人工站	3	空缺值

E4.3　代码表 0 08 023 一阶统计

代码值	含义	代码值	含义
0—1	保留	10	标准偏差(N)
2	最大值	11	调和平均值
3	最小值	12	均方根向量误差
4	平均值	13	均方根
5	中值	14—31	保留
6	最常见值	32	向量中值
7	绝对平均误差	33—62	保留给本地使用
8	保留	63	缺测值
9	标准偏差的最优估计($N-1$)		

说明:所有一阶统计都取原始数据描述符中定义的单位。

E4.4　代码表 0 31 021 附加字段意义

代码数字	中文含义	英文含义
0	PPI 或保留	PPI or reserved
1	1 位质量指示码,0＝质量好的,1＝质量有怀疑的或差的	1-bit indicator of quality, 0＝good, 1＝suspect or bad
2	2 位质量指示码,0＝质量好的,1＝稍有怀疑的,2＝很大怀疑的,3＝质量差的	2-bit indicator of quality, 0＝good, 1＝slightly suspect, 2＝highly suspect, 3＝bad
3—5	保留	Reserved
6	根据 GTSPP 的 4 位质量控制指示码: 0＝没有质量控制 1＝正确值(所有检测通过) 2＝或许正确的但和统计不一致(不同于气候值) 3＝或许不正确的(尖峰,梯度,…,如果其他检测通过) 4＝不正确的、不可能的值(超出范围,铅直不稳定度,等廓线) 5＝在质量控制中被修改过的值 6—7＝不使用(保留) 8＝内插的值 9＝空缺值	4-bit indicator of quality control class according to GTSPP: 0＝Unqualified 1＝Correct value (all checks passed) 2＝Probably good but value inconsistent with statistics(differ from climatology) 3＝Probably bad (spike, gradient, .. if other tests passed) 4＝Bad value, impossible value (out of scale, vertical instability, constant profile) 5＝Value modified during quality control 6—7＝Not used (reserved) 8＝Interpolated value 9＝Missing value

续表

代码数字	中文含义	英文含义
7	置信百分比	Percentage confidence
8—20	保留	Reserved
21	1 位订正指示符(见说明(2))　　0=原始值,1=替代/订正值	1-bit indicator of correction (see Note 2) 0=original value, 1=substituted/corrected value
22—61	保留给局地使用	Reserved for local use
62	8 bit 质量控制指示码: 由高至低(从左到右)1—4 位,表示省级质控码;5—8 位,表示台站质控码。 省级质控码和台站质控码的值均按如下含义: 0　正确 1　可疑 2　错误 3　订正数据 4　修改数据 5　预留 6　预留 7　预留 8　缺测 9　未作质量控制	
63	空缺值	Missing value

E4.5　代码表 0 33 035 人工/自动质量控制

代码值	含义
0	通过自动质量控制但没有人工检测
1	通过自动质量控制且有人工检测并通过
2	通过自动质量控制且有人工检测并删除
3	自动质量控制失败,也没有人工检测
4	自动质量控制失败,但有人工检测并失败
5	自动质量控制失败,但有人工检测并重新插入
6	自动质量控制将数据标志为可疑数据,无人工检测
7	自动质量控制将数据标志为可疑数据,有人工检测,但失败
8	有人工检测,但失败
9—14	保留
15	缺测值

附录 F 国内气象辐射小时观测数据 BUFR 编码格式（V23.1.5）

F1 范围

本格式规定了国内气象辐射站小时观测数据及其质量控制码的编码格式、编报规则和代码,适用于国内气象辐射站小时观测数据的编报和传输。

F2 格式

编码数据由指示段、标识段、数据描述段、数据段和结束段构成。

F2.1 0 段——指示段

指示段包括 BUFR 编码数据的起始标志、BUFR 编码数据的长度和 BUFR 的版本号。

表 F1 指示段编码说明

八位组	含义	值
1—4	BUFR 数据的起始标志	4 个字符"BUFR"
5—7	BUFR 数据长度(以八位组为单位)	BUFR 数据的总长度
8	BUFR 编码版本号	现行版本号为 4

注:8 个比特称为 1 个八位组。

F2.2 1 段——标识段

标识段指示数据编码的主表标识、数据源中心、数据类型、数据子类型、表格版本号、数据的生产时间等信息。

表 F2 标识段编码说明

八位组	含义	值	说 明
1—3	标识段段长(以八位组为单位)	23	标识段的长度(单位为八位组)
4	BUFR 主表标志	0	使用标准的 WMO FM-94 BUFR 表
5—6	数据源中心	38	北京
7—8	数据源子中心	0	未被子中心加工过
9	更新序列号	非负整数	原始编号为 0,其后,随资料更新编号逐次增加。
10	2 段选编段指示	0	表示此数据不包含选编段
11	数据类型	0	表示本资料为地面资料(表 A)
12	国际数据子类型	1	来自固定陆地测站的辅助天气观测(公共代码表 C-13)
13	国内数据子类型	2	本地数据子类型,见代码表 C-13-L,表示辐射一小时测
14	主表版本号	23	BUFR 主表的版本号

续表

八位组	含义	值	说　明
15	本地表版本号	1	表示本地表版本为 1
16—17	年（世界时）	正整数	数据编报时间:年(4 位公元年)
18	月（世界时）	正整数	数据编报时间:月
19	日（世界时）	正整数	数据编报时间:日
20	时（世界时）	非负整数	数据编报时间:时
21	分（世界时）	非负整数	数据编报时间:分
22	秒（世界时）	非负整数	数据编报时间:秒
23	自定义	0	为本地自动数据处理中心保留

注1:表中数据编报时间使用世界时(UTC)。

F2.3　3 段——数据描述段

数据描述段主要指示 BUFR 资料的数据子集数目、是否压缩以及数据段中所编数据的要素描述符。

表 F3　数据描述段编码说明

八位组	含义	说明
1—3	数据描述段段长	置9,表示数据描述段的长度为9个八位组
4	保留位	置0
5—6	数据子集数	非负整数,表示 BUFR 报文中包含的观测记录数。
7	数据性质和压缩方式	置 128,即二进制编码为 10000000,左起第一个比特置 1,表示观测数据,第二个比特置 0,表示采用非压缩格式。
8—9	国内地面辐射小时观测资料	3 07 196*

*3 07 196 为国内本地模板,模板展开见表 F2.4。

F2.4　4 段——数据段

数据段包括本段段长、保留字段以及数据描述段中的描述符(3 07 196)展开后的所有要素描述符对应数据的编码值。

表 F4　数据段编码说明

内容		含义	单位	比例因子	基准值	数据宽度（比特）
数据段段长		数据段长度(以八位组为单位)	数字	0	0	24
保留字段		置 0	数字	0	0	8
测站基本信息和时间						
3 01 004	0 01 001	WMO 区号	数字	0	0	7
	0 01 002	WMO 站号	数字	0	0	10

内容		含义	单位	比例因子	基准值	数据宽度（比特）
	0 01 015	站名	字符	0	0	160
	0 02 001	测站类型	代码表	0	0	2
0 01 101		国家和地区标识符	代码表	0	0	10
自定义 0 01 192		本地测站标识	字符	0	0	72
3 01 011	0 04 001	年（地方时）	a	0	0	12
	0 04 002	月（地方时）	mon	0	0	4
	0 04 003	日（地方时）	d	0	0	6
3 01 013	0 04 004	时（地方时）	h	0	0	5
	0 04 005	分（＝0）	min	0	0	6
	0 04 006	秒（＝0）	s	0	0	6
3 01 021	0 05 001	纬度（高精度）	°	5	−9000000	25
	0 06 001	经度（高精度）	°	5	−18000000	26
0 07 030		平均海平面以上测站地面高度	m	1	− 4000	17
0 07 031		平均海平面以上气压表高度	m	1	− 4000	17
1 02 009		2 个描述符重复 9 次				
0 07 032		传感器离本地地面的高度（直射辐射、散射辐射、总辐射、反射辐射、大气长波辐射、地球长波辐射、紫外辐射、光合有效辐射、净全辐射）	m	2	0	16
自定义 0 02 201		本地地面传感器标识	代码表	0	0	3
0 25 061		版本号	字符	0	0	96
1 01 002		后面1个描述符重复 2 次（第 1 次是台站质量控制标识，第 2 次是省级质量控制标识）				
0 33 035		人工/自动质量控制	代码表	0	0	4
观测数据						
2 04 008		增加 8 比特位的附加字段，其中前 4 个比特为省级质量控制码，后 4 个比特为台站级质量控制码				
0 31 021		附加字段的意义	代码表	0	0	6
0 08 023		一阶统计（＝4）平均值	代码表	0	0	6
自定义 0 14 192		直射辐射辐照度	W·m^{-2}	0	0	24
自定义 0 14 193		散射辐射辐照度	W·m^{-2}	0	0	24
自定义 0 14 194		总辐射辐照度	W·m^{-2}	0	0	24
自定义 0 14 195		反射辐射辐照度	W·m^{-2}	0	0	24
自定义 0 14 196		大气长波辐射辐照度	W·m^{-2}	0	0	24
自定义 0 14 197		地球长波辐射辐照度	W·m^{-2}	0	0	24

内容		含义	单位	比例因子	基准值	数据宽度（比特）
自定义 0 14 198		紫外辐射（UVA）辐照度	$W \cdot m^{-2}$	2	0	24
自定义 0 14 199		紫外辐射（UVB）辐照度	$W \cdot m^{-2}$	2	0	24
自定义 0 14 200		光合有效辐射辐照度	$\mu mol \cdot s^{-1} \cdot m^{-2}$	0	0	24
自定义 0 14 206		净全辐射辐照度	$W \cdot m^{-2}$	0	−1000	24
自定义 0 14 207		紫外辐射辐照度	$W \cdot m^{-2}$	2	0	24
自定义 0 14 210		太阳直射辐射辐照度	$W \cdot m^{-2}$	0	0	24
0 08 023		一阶统计（＝缺测值）	代码表	0	0	6
自定义 0 14 211		直射辐射曝辐量	$MJ \cdot m^{-2}$	2	0	15
自定义 0 14 212		散射辐射曝辐量	$MJ \cdot m^{-2}$	2	0	15
自定义 0 14 213		总辐射曝辐量	$MJ \cdot m^{-2}$	2	0	15
自定义 0 14 201		反射辐射曝辐量	$MJ \cdot m^{-2}$	2	0	15
自定义 0 14 202		大气长波辐射曝辐量	$MJ \cdot m^{-2}$	2	0	15
自定义 0 14 203		地球长波辐射曝辐量	$MJ \cdot m^{-2}$	2	0	15
自定义 0 14 204		紫外辐射（UVA）曝辐量	$MJ \cdot m^{-2}$	2	0	15
自定义 0 14 205		紫外辐射（UVB）曝辐量	$MJ \cdot m^{-2}$	2	0	15
自定义 0 14 215		光合有效曝辐量	$MJ \cdot m^{-2}$	2	0	15
自定义 0 14 214		净全辐射曝辐量	$MJ \cdot m^{-2}$	2	−1000	15
自定义 0 14 208		紫外辐射曝辐量	$MJ \cdot m^{-2}$	2	0	15
0 08 023		一阶统计（＝3）最小值	代码表	0	0	6
自定义 0 14 196		大气长波辐射辐照度	$W \cdot m^{-2}$	0	0	24
3 01 012	0 04 004	极值出现时	h	0	0	5
	0 04 005	极值出现分	min	0	0	6
自定义 0 14 197		地球长波辐射辐照度	$W \cdot m^{-2}$	0	0	24
3 01 012	0 04 004	极值出现时	h	0	0	5
	0 04 005	极值出现分	min	0	0	6
自定义 0 14 206		净全辐射辐照度	$W \cdot m^{-2}$	0	−1000	24
3 01 012	0 04 004	极值出现时	h	0	0	5
	0 04 005	极值出现分	min	0	0	6
0 08 023		一阶统计（＝缺测值）	代码表	0	0	6
0 08 023		一阶统计（＝2）最大值	代码表	0	0	6
自定义 0 14 192		直射辐射辐照度	$W \cdot m^{-2}$	0	0	24
3 01 012	0 04 004	极值出现时	h	0	0	5
	0 04 005	极值出现分	min	0	0	6
自定义 0 14 193		散射辐射辐照度	$W \cdot m^{-2}$	0	0	24
3 01 012	0 04 004	极值出现时	h	0	0	5
	0 04 005	极值出现分	min	0	0	6
自定义 0 14 194		总辐射辐照度	$W \cdot m^{-2}$	0	0	24
3 01 012	0 04 004	极值出现时	h	0	0	5
	0 04 005	极值出现分	min	0	0	6
自定义 0 14 195		反射辐射辐照度	$W \cdot m^{-2}$	0	0	24
3 01 012	0 04 004	极值出现时	h	0	0	5

续表

内容		含义	单位	比例因子	基准值	数据宽度（比特）
	0 04 005	极值出现分	min	0	0	6
自定义 0 14 196		大气长波辐射辐照度	W·m⁻²	0	0	24
3 01 012	0 04 004	极值出现时	h	0	0	5
	0 04 005	极值出现分	min	0	0	6
自定义 0 14 197		地球长波辐射辐照度	W·m⁻²	0	0	24
3 01 012	0 04 004	极值出现时	h	0	0	5
	0 04 005	极值出现分	min	0	0	6
自定义 0 14 198		紫外辐射（UVA）辐照度	W·m⁻²	2	0	24
3 01 012	0 04 004	极值出现时	h	0	0	5
	0 04 005	极值出现分	min	0	0	6
自定义 0 14 199		紫外辐射（UVB）辐照度	W·m⁻²	2	0	24
3 01 012	0 04 004	极值出现时	h	0	0	5
	0 04 005	极值出现分	min	0	0	6
自定义 0 14 200		光合有效辐射辐照度	μmol·s⁻¹·m⁻²	0	0	24
3 01 012	0 04 004	极值出现时	h	0	0	5
	0 04 005	极值出现分	min	0	0	6
自定义 0 14 206		净全辐射辐照度	W·m⁻²	0	−1000	24
3 01 012	0 04 004	极值出现时	h	0	0	5
	0 04 005	极值出现分	min	0	0	6
自定义 0 14 207		紫外辐射辐照度	W·m⁻²	2	0	24
3 01 012	0 04 004	极值出现时	h	0	0	5
	0 04 005	极值出现分	min	0	06	
0 08 023		一阶统计（＝缺测值）	代码表	0	0	6
0 14 031		日照	min	0	0	11
自定义 0 14 210		太阳直接辐射辐照度	W·m⁻²	0	0	24
自定义 0 14 209		大气浑浊度		2	0	12
自定义 0 20 209		作用层情况	代码表	0	0	3
自定义 0 20 210		作用层状况	代码表	0	0	4
2 04 000		删去增加的附加字段				

F2.5　5 段——结束段

结束段编码说明见表 F5。

表 F5　结束段编码说明

八位组	含义	值
1—4	BUFR 报文的结束标志	4 个字符"7777"

F3 自定义描述符和标志表

F3.1 自定义要素描述符

代码数字	意义	单位	比例因子	基准值	数据宽度（比特）
0 01 192	本地测站标识	字符	0	0	72
0 02 201	本地地面传感器标识	代码表	0	0	3
0 14 192	直射辐射辐照度	$W \cdot m^{-2}$	0	0	24
0 14 193	散射辐射辐照度	$W \cdot m^{-2}$	0	0	24
0 14 194	总辐射辐照度	$W \cdot m^{-2}$	0	0	24
0 14 195	反射辐射辐照度	$W \cdot m^{-2}$	0	0	24
0 14 196	大气长波辐射辐照度	$W \cdot m^{-2}$	0	0	24
0 14 197	地球长波辐射辐照度	$W \cdot m^{-2}$	0	0	24
0 14 198	紫外辐射（UVA）辐照度	$W \cdot m^{-2}$	2	0	24
0 14 199	紫外辐射（UVB）辐照度	$W \cdot m^{-2}$	2	0	24
0 14 200	光合有效辐射辐照度	$W \cdot m^{-2}$	0	0	24
0 14 201	反射辐射曝辐量	$MJ \cdot m^{-2}$	2	0	15
0 14 202	大气长波辐射曝辐量	$MJ \cdot m^{-2}$	2	0	15
0 14 203	地球长波辐射曝辐量	$MJ \cdot m^{-2}$	2	0	15
0 14 204	紫外辐射（UVA）曝辐量	$MJ \cdot m^{-2}$	2	0	15
0 14 205	紫外辐射（UVB）曝辐量	$MJ \cdot m^{-2}$	2	0	15
0 14 206	净全辐射辐照度	$W \cdot m^{-2}$	0	-1000	24
0 14 207	紫外辐射辐照度	$W \cdot m^{-2}$	2	0	24
0 14 208	紫外辐射曝辐量	$MJ \cdot m^{-2}$	2	0	15
0 14 209	大气浑浊度		2	0	12
0 14 210	太阳直射辐射辐照度	$W \cdot m^{-2}$	0	0	24
0 14 211	直射辐射曝辐量	$MJ \cdot m^{-2}$	2	0	15
0 14 212	散射辐射曝辐量	$MJ \cdot m^{-2}$	2	0	15
0 14 213	总辐射曝辐量	$MJ \cdot m^{-2}$	2	0	15
0 14 214	净全辐射曝辐量	$MJ \cdot m^{-2}$	2	-1000	15
0 14 215	光合有效曝辐量	$MJ \cdot m^{-2}$	2	0	15
0 20 209	作用层情况	代码表	0	0	3
0 20 210	作用层状况	代码表	0	0	4

F3.2 C-13-L 本地数据子类型

数据类别		国际数据子类		本地数据子类型	
代码值	名称	代码值	名称（相应的传统字母数字代码在括号中）	代码值	名称
0	地面资料 — 陆地	1	来自固定陆地测站的辅助天气观测（SYNOP）	1	辐射 n 分钟观测
				2	辐射一小时观测

F3.3　自定义代码表 0 02 201 本地地面传感器标识

代码数字	含义	代码数字	含义
0	无观测任务	4	仪器故障期间
1	自动观测	5	仪器维护期间
2	人工观测	6	日落后日出前无数据
3	加盖期间	7	缺测

F3.4　自定义代码表 0 20 209 作用层情况

比特位	含义	比特位	含义
0	青草	4	裸露硬(石子)土
1	枯(黄)草	5	裸露黄(红)土
2	裸露黏土	6	水面
3	裸露沙土	7	缺测值

F3.5　自定义代码表 0 20 210 作用层状况

比特位	含义	比特位	含义
0	干燥	5	陈雪
1	潮湿	6	溶化雪
2	积水	7	结冰
3	泛碱(盐碱)	8—14	保留
4	新雪	15	缺测值

F4　WMO 代码表

F4.1　代码表 0 01 101 国家和地区标识符(部分)

代码数字	中文含义	英文含义
0—99	保留	Reserved
......		
205	中国	China
207	香港	Hong Kong，China
235—299	区协Ⅱ保留	Reserved for Region Ⅱ (Asia)
......		

F4.2　代码表 0 02 001 测站类型

代码值	含义	代码值	含义
0	自动站	2	混合站(人工和自动)
1	人工站	3	空缺值

F4.3 代码表 0 08 023 一阶统计

代码值	含义	代码值	含义
0—1	保留	10	标准偏差(N)
2	最大值	11	调和平均值
3	最小值	12	均方根向量误差
4	平均值	13	均方根
5	中值	14—31	保留
6	最常见值	32	向量中值
7	绝对平均误差	33—62	保留给本地使用
8	保留	63	缺测值
9	标准偏差的最优估计($N-1$)		

说明:所有一阶统计都取原始数据描述符中定义的单位。

F4.4 代码表 0 31 021 附加字段意义

代码数字	中文含义	英文含义
0	PPI 或保留	PPI or reserved
1	1 位质量指示码,0=质量好的,1=质量有怀疑的或差的	1-bit indicator of quality, 0=good, 1=suspect or bad
2	2 位质量指示码,0=质量好的,1=稍有怀疑的,2=很大怀疑的,3=质量差的	2-bit indicator of quality, 0=good, 1=slightly suspect, 2=highly suspect, 3=bad
3—5	保留	Reserved
6	根据 GTSPP 的 4 位质量控制指示码: 0=没有质量控制 1=正确值(所有检测通过) 2=或许正确的但和统计不一致(不同于气候值) 3=或许不正确的(尖峰,梯度,…,如果其他检测通过) 4=不正确的、不可能的值(超出范围,铅直不稳定度,等廓线) 5=在质量控制中被修改过的值 6—7=不使用(保留) 8=内插的值 9=空缺值	4-bit indicator of quality control class according to GTSPP: 0=Unqualified 1=Correct value (all checks passed) 2=Probably good but value inconsistent with statistics(differ from climatology) 3=Probably bad (spike, gradient, .. if other tests passed) 4=Bad value, impossible value (out of scale, vertical instability, constant profile) 5=Value modified during quality control 6—7=Not used (reserved) 8=Interpolated value 9=Missing value
7	置信百分比	Percentage confidence
8—20	保留	Reserved
21	1 位订正指示符(见说明(2)) 0=原始值,1=替代/订正值	1-bit indicator of correction (see Note 2) 0=original value, 1=substituted/corrected value
22—61	保留给局地使用	Reserved for local use

代码数字	中文含义	英文含义
62	8 bit 质量控制指示码: 由高至低(从左到右)1—4 位,表示省级质控码;5—8 位,表示台站质控码。 省级质控码和台站质控码的值均按如下含义: 0 正确 1 可疑 2 错误 3 订正数据 4 修改数据 5 预留 6 预留 7 预留 8 缺测 9 未作质量控制	
63	空缺值	Missing value

F4.5 代码表 0 33 035 人工/自动质量控制

代码值	含义
0	通过自动质量控制但没有人工检测
1	通过自动质量控制且有人工检测并通过
2	通过自动质量控制且有人工检测并删除
3	自动质量控制失败,也没有人工检测
4	自动质量控制失败,但有人工检测并失败
5	自动质量控制失败,但有人工检测并重新插入
6	自动质量控制将数据标志为可疑数据,无人工检测
7	自动质量控制将数据标志为可疑数据,有人工检测,但失败
8	有人工检测,但失败
9—14	保留
15	缺测值

附录 G　国内酸雨观测数据 BUFR 编码格式(V23.1.5)

G1　范围

本格式规定了国内固定陆地测站的酸雨观测数据的编码格式、编报规则和代码。

本格式适用于国内固定陆地测站每日酸雨观测数据的编码传输。

G2　格式

编码数据由指示段、标识段、数据描述段、数据段和结束段构成。

G2.1　0 段——指示段

指示段包括 BUFR 编码数据的起始标志、BUFR 编码数据的长度和 BUFR 的版本号。

表 G1　指示段编码说明

八位组	含义	值
1—4	BUFR 数据的起始标志	4 个字符"BUFR"
5—7	BUFR 数据长度(以八位组为单位)	BUFR 数据的总长度
8	BUFR 编码版本号	现行版本号,固定为 4

注:8 个比特称为 1 个八位组。

G2.2　1 段——标识段

标识段指示数据编码的主表标识、数据源中心、数据类型、数据子类型、表格版本号、数据的生产时间等信息。

表 G2　标识段编码说明

八位组	含义	值	说　明
1—3	标识段段长(以八位组为单位)	23	标识段的长度为 23 个字节
4	BUFR 主表标志	0	使用标准的 WMO FM—94 BUFR 表
5—6	数据源中心	38	北京
7—8	数据源子中心	0	未被子中心加工过
9	更新序列号	非负整数	原始编号为 0,其后随资料的更新,编号逐次增加。
10	2 段选编段指示	0	表示此数据不包含选编段
11	数据类型	8	物理/化学成分
12	国际数据子类型	101	酸雨(已在公共代码表 C-13 中新增该字段的定义)
13	国内数据子类型	0	未定义本地数据子类型
14	主表版本号	23	BUFR 主表的版本号
15	本地表版本号	1	表示本地表版本号为 1
16—17	年(世界时)	正整数	数据编报时间:年(4 位公元年)

续表

八位组	含 义	值	说　明
18	月(世界时)	正整数	数据编报时间:月
19	日(世界时)	正整数	数据编报时间:日
20	时(世界时)	非负整数	数据编报时间:时
21	分(世界时)	非负整数	数据编报时间:分
22	秒(世界时)	非负整数	数据编报时间:秒
23	自定义	0	为本地自动数据处理中心保留

注1:表中数据编报时间使用世界时(UTC)。

G2.3　3 段——数据描述段

数据描述段主要指示 BUFR 资料的数据子集数目、是否压缩以及数据段中所编数据的要素描述符。

表 G3　数据描述段编码说明

八位组	含 义	说　明
1—3	数据描述段段长	置9,表示数据描述段的长度为9个八位组
4	保留位	置0
5—6	数据子集数	非负整数,表示 BUFR 报文中包含的观测记录数
7	数据性质和压缩方式	置128,即二进制编码为10000000,左起第一个比特置1,表示观测数据,第二个比特置0,表示采用非压缩格式
8—9	国内酸雨观测数据 BUFR 编码序列描述符	3 22 192*

注1:3 22 192为国内本地模板,模板展开见表 G4。

G2.4　4 段——数据段

数据段包括本段段长、保留字段以及数据描述段中的描述符(3 22 192)展开后的所有要素描述符对应数据的编码值。

表 G4　数据段编码说明

内容		含 义	单位	比例因子	基准值	数据宽度(比特)
数据段段长		数据段长度(以八位组为单位)	数字	0	0	24
保留字段		置0	数字	0	0	8
测站信息						
3 01 004	0 01 001	WMO 区号	数字	0	0	7
	0 01 002	WMO 站号	数字	0	0	10
	0 01 015	站名	字符	0	0	160
	0 02 001	测站类型	代码表	0	0	2
0 01 101		国家和地区标识符	代码表	0	0	10
自定义 0 01 192		本地测站标识	字符	0	0	72

内容		含义	单位	比例因子	基准值	数据宽度（比特）
3 01 021	0 05 001	纬度（高精度）	°	5	−9000000	25
	0 06 001	经度（高精度）	°	5	−18000000	26
0 07 030		平均海平面以上测站地面高度	m	1	−4000	17
1 01 002		后面1个描述符重复2次（第1次是台站质量控制标识，第2次是省级质量控制标识）				
0 33 035		人工/自动质量控制	代码表	0	0	4
时间要素信息						
3 01 011	0 04 001	年（世界时）	a	0	0	12
	0 04 002	月（世界时）	mon	0	0	4
	0 04 003	日（世界时）	d	0	0	6
0 04 004		时（世界时，人工观测编00）	h	0	0	5
1 40 000		40个描述符延迟重复				
0 31 000		延迟重复因子（如当日无降水，延迟重复因子置0；有降水，延迟重复因子置1）	数字	0	0	1
1 38 000		38个描述符延迟重复				
0 31 000		延迟重复因子（如当日有降水但漏采样了，延迟重复因子置0；否则延迟重复因子置1）	数字	0	0	1
1 05 002		后面5个描述符重复两次（第1次是降水时段起始时间，第2次是降水时段结束时间）				
0 04 001		年（世界时）	a	0	0	12
0 04 002		月（世界时）	mon	0	0	4
0 04 003		日（世界时）	d	0	0	6
0 04 004		时（世界时）	h	0	0	5
0 04 005		分（世界时）	min	0	0	6
辅助观测数据						
0 13 011		总降水量	kg·m^{-2}	1	−1	14
1 01 000		1个描述符延迟重复				
0 31 001		延迟重复因子（最多重复4次）	数字	0	0	8
自定义 0 20 192		国内观测天气现象	代码表	0	0	7
1 02 004		后2个描述符重复四次（第1次至第4次分别是采样日界内14时、20时、02时、08时自记或10分钟平均风向风速）				

内容	含义	单位	比例因子	基准值	数据宽度（比特）
0 11 001	风向	°(degree true)	0	0	9
0 11 002	风速	m·s^{-1}	1	0	12
观测数据					
1 18 000	18 个描述符延迟重复				
0 31 001	后 18 个描述符重复 2 次（第 1 次为初测，第 2 次为复测）		0	0	8
2 04 008	增加 8 比特位的附加字段，用来表示质量控制信息				
0 31 021	描述连带字段的含义	代码表	0	0	6
0 12 001	降水样品温度	K	1	0	12
2 02 129	改变 0 13 080 要素描述符的比例因子（1+1=2）				
1 01 003	后面 1 个描述符重复三次（分别为第 1、2、3 次测量）				
0 13 080	pH 值	pH unit	1→2	0	10
0 08 023	一阶统计（=4）平均值	代码表	0	0	6
0 13 080	pH 值	pH unit	1→2	0	10
0 08 023	一阶统计（=缺测值）	代码表	0	0	6
2 02 000	结束对比例因子的改变操作				
2 02 130	改变 0 13 081 要素描述符的比例因子（3+2=5）				
1 01 003	后面 1 个描述符重复三次（分别为第 1、2、3 次测量）				
0 13 081	K 值（电导率）	S·m^{-1}	3→5	0	14
0 08 023	一阶统计（=4）平均值	代码表	0	0	6
0 13 081	K 值（电导率）	S·m^{-1}	3→5	0	14
0 08 023	一阶统计（=缺测值）	代码表	0	0	6
2 02 000	结束对比例因子的改变操作				
2 04 000	删去增加的附加字段				
酸雨观测备注信息					
自定义 0 02 203	酸雨复测指示码	代码表	0	0	4
自定义 0 02 204	酸雨测量电导率的手动温度补偿功能指示码	代码表	0	0	2
自定义 0 02 205	酸雨样品延迟测量指示码	代码表	0	0	4
1 01 002	后面一个描述符重复两次				
自定义 0 02 206	酸雨降水样品异常状况	代码表	0	0	3

G2.5　5 段——结束段

结束段编码说明见表 G5。

表 G5　结束段编码说明

八位组	含义	值
1—4	BUFR 报文的结束标志	4 个字符"7777"

G3　自定义要素描述符和代码表

G3.1　自定义要素描述符

代码数字	意义	单位	比例因子	基准值	数据宽度（比特）
0 01 192	本地测站标识	字符	0	0	72
0 02 203	酸雨复测指示码	代码表	0	0	4
0 02 204	酸雨测量电导率的手动温度补偿功能指示码	代码表	0	0	2
0 02 205	酸雨样品延迟测量指示码	代码表	0	0	4
0 02 206	酸雨降水样品异常状况	代码表	0	0	3
0 20 192	国内观测天气现象	代码表	0	0	7

G3.2　自定义代码表 0 02 203　酸雨复测指示码

代码值	复测内容	复测结果与初测结果的差别	
		pH 值	电导率
0	无	无	无
1	pH 值	不大于 0.05pH 值单位	无
2	pH 值	大于 0.05pH 值单位	无
3	电导率	无	不大于两者平均值的 15%
4	电导率	无	大于两者平均值的 15%
5	电导率和 pH 值	不大于 0.05pH 值单位	不大于两者平均值的 15%
6	电导率和 pH 值	不大于 0.05pH 值单位	大于两者平均值的 15%
7	电导率和 pH 值	大于 0.05pH 值单位	不大于两者平均值的 15%
8	电导率和 pH 值	大于 0.05pH 值单位	大于两者平均值的 15%
9	漏复测(如样品不足等原因)		

G3.3　自定义代码表 0 02 204　酸雨测量电导率的手动温度补偿功能指示码

代码值	含义	代码值	含义
0	测量电导率的时候没有使用手动温度补充功能	2	保留
1	测量电导率的时候使用了手动温度补充功能	3	缺测

G3.4　自定义代码表 0 02 205　酸雨样品延迟测量指示码

代码值	含义	代码值	含义
0	样品延迟测量时间不超过 6 h	5	样品延迟测量时间不超过 11 h
1	样品延迟测量时间不超过 7 h	6	样品延迟测量时间不超过 12 h
2	样品延迟测量时间不超过 8 h	7	样品延迟测量时间不超过 13 h
3	样品延迟测量时间不超过 9 h	8	样品延迟测量时间不超过 14 h
4	样品延迟测量时间不超过 10 h	9	样品延迟测量时间超过 14 h

G3.5　自定义代码表 0 02 206　酸雨样品异常状况指示码

代码值	含义	代码值	含义
0	无污染	4	有树叶等植物性杂物混入
1	轻微浑浊,无沉淀	5	有虫子、鸟粪等生物性杂物混入
2	浑浊或有絮状物,无沉淀	6	其他污染物
3	有土壤、沙砾等沉淀	7	保留

G3.6　自定义代码表 0 20 192　国内观测天气现象代码表

代码数字	现象名称	代码数字	现象名称	代码数字	现象名称
0	无现象	15	大风	60	雨
1	露	16	积雪	68	雨夹雪
2	霜	17	雷暴	70	雪
3	结冰	18	飑	76	冰针
4	烟幕	19	龙卷	77	米雪
5	霾	31	沙尘暴	79	冰粒
6	浮尘	38	吹雪	80	阵雨
7	扬沙	39	雪暴	83	阵性雨夹雪
8	尘卷风	42	雾	85	阵雪
10	轻雾	48	雾凇	87	霰
13	闪电	50	毛毛雨	89	冰雹
14	极光	56	雨凇		

G4　WMO 代码表

G4.1　代码表 0 01 101 国家和地区标识符(部分)

代码数字	中文含义	英文含义
0—99	保留	Reserved
……		
205	中国	China
207	香港	Hong Kong, China
235—299	区协 II 保留	Reserved for Region II (Asia)
……		

G4.2　代码表 0 02 001 台站类型

代码值	含义	代码值	含义
0	自动站	2	混合站(人工和自动)
1	人工站	3	空缺值

G4.3　代码表 0 31 021 扩充的附加字段意义

代码数字	含义
0	PPI 或保留
1	1 位质量指示码,0=质量好的,1=质量有怀疑的或差的
2	2 位质量指示码,0=质量好的,1=稍有怀疑的,2=很大怀疑的,3=质量差的
3—5	保留
6	根据 GTSPP 的 4 位质量控制指示码: 0=没有质量控制 1=正确值(所有检测通过) 2=或许正确的但和统计不一致(不同于气候值) 3=或许不正确的(尖峰,梯度,…,如果其他检测通过) 4=不正确的、不可能的值(超出范围,铅直不稳定度,等廓线) 5=在质量控制中被修改过的值 6—7=不使用(保留) 8=内插的值 9=空缺值
7	置信百分比
8—20	保留
21	1 位订正指示符(见说明(2))　0=原始值,1=替代/订正值
22—61	保留给局地使用
62	8 bit 质量控制指示码: 由高至低(从左到右)1—4 位,表示省级质控码;5—8 位,表示台站质控码。 省级质控码和台站质控码的值均按如下含义: 0　正确 1　可疑 2　错误 3　订正数据 4　修改数据 5　预留 6　预留 7　预留 8　缺测 9　未作质量控制
63	空缺值

G4.4 代码表 0 33 035 人工/自动质量控制

代码值	含 义
0	通过自动质量控制但没有人工检测
1	通过自动质量控制且有人工检测并通过
2	通过自动质量控制且有人工检测并删除
3	自动质量控制失败,也没有人工检测
4	自动质量控制失败,但有人工检测并失败
5	自动质量控制失败,但有人工检测并重新插入
6	自动质量控制将数据标志为可疑数据,无人工检测
7	自动质量控制将数据标志为可疑数据,有人工检测,但失败
8	有人工检测,但失败
9—14	保留
15	缺测值

G4.5 代码表 0 08 023 一阶统计

代码值	含 义	代码值	含 义
0—1	保留	10	标准偏差(N)
2	最大值	11	调和平均值
3	最小值	12	均方根向量误差
4	平均值	13	均方根
5	中值	14—31	保留
6	最常见值	32	向量中值
7	绝对平均误差	33—62	保留给本地使用
8	保留	63	缺测值
9	标准偏差的最优估计($N-1$)		

说明:所有一阶统计都取原始数据描述符中定义的单位。

G5 公共表

G6 扩充公共代码表 C-13:由 BUFR 表 A 入口定义的类别的数据子类(部分)

数据类别			国际数据子类	
BUFR 版本 4,1 段中八位组 11 CREX 版本 2,1 段的组 Annnmmm 中的 nnn			BUFR 版本 4,1 段中八位组 12(如果为 255,表示其他子类或没有定义)CREX 版本 2,1 段的组 Annnmmm 中的 mmm	
代码值	名称		代码值	名称(相应的传统字母数字代码在括号中)
			0	地面臭氧
			1	臭氧垂直探测
			2	臭氧总量
8	物理/化学成分		101	酸雨(国内扩充)
			102	温室气体(国内扩充)
			103	气溶胶(国内扩充)
			104	反应性气体(国内扩充)

附录 H 设备计量信息附表

H.1 计量信息统计表(新型自动站)

项目名称		仪器名称	仪器型号规格	仪器出厂编号	仪器生产厂家	仪器送检单位名称	仪器送检单位地址	仪器计量检定证书编号	计量检定类型	计量检定依据	计量检定机构名称
自动气象站	填写规则	汉字,最长50个字符。	字母、符号、数字,最长100个字符。	字母、符号、数字,最长100个字符。	汉字、数字、符号、字母,最长100个字符。	汉字,最长100个字符。	汉字、数字、符号、字母,最长84个字符。	字母、数字、符号,最长50个字符。	选项:检定/校准/检测	汉字、字符、数字、字母,最长200个字符。	汉字,最长100个字符。
前向散射式能见度仪	填写规则	汉字,最长50个字符。	字母、符号、数字,最长100个字符。	字母、符号、数字,最长100个字符。	汉字、数字、符号、字母,最长100个字符。	汉字,最长100个字符。	汉字、数字、符号、字母,最长84个字符。	字母、数字、符号,最长50个字符。	选项:检定/校准/检测	汉字、字符、数字、字母,最长200个字符。	汉字,最长100个字符。
前向散射式能见度仪	示例	能见度传感器	DNQ1	J2412033	华云升达(北京)气象科技有限责任公司	北京国家基本气象站	北京市大兴区旧宫东	(MQJ)NJD-20171402	选择:检定/校准/检测三种之一	JJF1171—2007校准规范	国家气象计量站
气压传感器	填写规则	汉字,最长50个字符。	字母、符号、数字,最长100个字符。	字母、符号、数字,最长100个字符。	汉字、数字、符号、字母,最长100个字符。	汉字,最长100个字符。	汉字、数字、符号、字母,最长84个字符。	字母、数字、符号,最长50个字符。	检定/校准/检测(选项)	汉字、字符、数字、字母,最长200个字符。	汉字,最长100个字符。
气压传感器	示例	气压传感器	PTB210	JI770149	华云升达(北京)气象科技有限责任公司	北京国家基本气象站	北京市大兴区旧宫东	JQJ字第718030375	选择:检定/校准/检测三种之一	JJF1171—2007校准规范	国家气象计量站
温度传感器	填写规则	汉字,最长50个字符。	字母、符号、数字,最长100个字符。	字母、符号、数字,最长100个字符。	汉字、数字、符号、字母,最长100个字符。	汉字,最长100个字符。	汉字、数字、符号、字母,最长84个字符。	字母、数字、符号,最长50个字符。	选项:检定/校准/检测)	汉字、字符、数字、字母,最长200个字符。	汉字,最长100个字符。

计量检定机构地址	计量检定机构授权证书号	计量检定人员	计量检定核验员	计量检定批准人	计量检定日期	下次计量检定日期	计量检定时的环境条件		
							温度	湿度	压力
汉字、字符、数字,最长100个字符。	汉字、字符、数字,最长100个字符。	汉字、字符,最长50个字符。	汉字、字符,最长50个字符。	汉字、字符,最长50个字符。	YYYYMM-DD,共8个字符*。	YYYYMM-DD,共8个字符*。	数字,4个字符,单位为℃**。	数字,3个字符,单位为%RH**。	数字,5个字符,单位为hPa**。
汉字、字符、数字,最长100个字符。	汉字、字符、数字,最长100个字符。	汉字、字符,最长50个字符。	汉字、字符,最长50个字符。	汉字、字符,最长50个字符。	YYYYMM-DD,共8个字符*。	YYYYMM-DD,共8个字符*。	数字,4个字符,单位℃**。	数字,3个字符,单位为%RH**。	数字,5个字符,单位为**。
北京市海淀区中关村南大街46号	(国)法计(2010)00018号	张三、李四	王五	李四	2018年01月12日	2020年01月11日	219	13	10289
汉字、字符、数字,最长100个字符。	汉字、字符、数字,最长100个字符。	汉字、字符,最长50个字符。	汉字、字符,最长50个字符。	汉字、字符,最长50个字符。	YYYYMM-DD,共8个字符[8]。	YYYYMM-DD,共8个字符其中*。	数字,4个字符,单位℃**。	数字,3个字符,单位为%RH**。	数字,5个字符,单位为hPa**。
北京市海淀区中关村南大街46号	(国)法计(2010)00018号	张三、李四	王五	李四	2018年01月12日	2019年01月11日	219	13	10289
汉字、字符、数字,最长100个字符。	汉字、字符、数字,最长100个字符。	汉字、字符,最长50个字符。	汉字、字符,最长50个字符。	汉字、字符,最长50个字符。	YYYYMM-DD,共8个字符*。	YYYYMM-DD,共8个字符*。	数字,4个字符,单位℃**。	数字,3个字符,单位为%RH**。	数字,5个字符,单位为hPa**。

项目名称	仪器名称	仪器型号规格	仪器出厂编号	仪器生产厂家	仪器送检单位名称	仪器送检单位地址	仪器计量检定证书编号	计量检定类型	计量检定依据	计量检定机构名称
温度传感器	示例：温度传感器	DHC1-1	20066565	华云升达（北京）气象科技有限责任公司	北京国家基本气象站	北京市大兴区旧宫东	JQJ字第718030390	选择：检定/校准/检测三种之一	JJF1171—2007校准规范	国家气象计量站
湿度传感器	填写规则：汉字，最长50个字符。	字母、符号、数字，最长100个字符。	字母、符号、数字，最长100个字符。	汉字、数字、字、符号、字母，最长100个字符。	汉字，最长100个字符。	汉字、数字、符号、字母，最长84个字符。	字母、数字、符号，最长50个字符。	选项：检定/校准/检测	汉字、字符、数字、字母，最长200个字符。	汉字，最长100个字符。
	示例：湿度传感器	DHC1-1	20066565	华云升达（北京）气象科技有限责任公司	北京国家基本气象站	北京市大兴区旧宫东	JQJ字第718030390	选择：检定/校准/检测三种之一	JJF1171—2007校准规范	国家气象计量站
0cm地温传感器	填写规则：汉字，最长50个字符。	字母、符号、数字，最长100个字符。	字母、符号、数字，最长100个字符。	汉字、数字、字、符号、字母，最长100个字符。	汉字，最长100个字符。	汉字、数字、符号、字母，最长84个字符。	字母、数字、符号，最长50个字符。	选项：检定/校准/检测	汉字、字符、数字、字母，最长200个字符。	汉字，最长100个字符。
	示例：地温传感器(0 cm)	HY15	P177115	华云升达（北京）气象科技有限责任公司	北京国家基本气象站	北京市大兴区旧宫东	JQJ字第717099597	选择：检定/校准/检测三种之一	JJF1171—2007校准规范	国家气象计量站
5cm地温传感器	填写规则：汉字，最长50个字符。	字母、符号、数字，最长100个字符。	字母、符号、数字，最长100个字符。	汉字、数字、字、符号、字母，最长100个字符。	汉字，最长100个字符。	汉字、数字、符号、字母，最长84个字符。	字母、数字、符号，最长50个字符。	选项：检定/校准/检测	汉字、字符、数字、字母，最长200个字符。	汉字，最长100个字符。
	示例：地温传感器(5 cm)	HY15	P177115	华云升达（北京）气象科技有限责任公司	北京国家基本气象站	北京市大兴区旧宫东	JQJ字第717099597	选择：检定/校准/检测三种之一	JJF1171—2007校准规范	国家气象计量站

计量检定机构地址	计量检定机构授权证书号	计量检定人员	计量检定核验员	计量检定批准人	计量检定日期	下次计量检定日期	计量检定时的环境条件		
							温度	湿度	压力
北京市海淀区中关村南大街46号	(国)法计（2010）00018号	张三、李四	王五	李四	2018年01月12日	2020年01月11日	219	13	10289
汉字、字符、数字,最长100个字符。	汉字、字符、数字,最长100个字符。	汉字、字符,最长50个字符。	汉字、字符,最长50个字符。	汉字、字符,最长50个字符。	YYYYMM-DD,共8个字符*。	YYYYMM-DD,共8个字符*。	数字,4个字符,单位℃**。	数字,3个字符,单位为%RH**。	数字,5个字符,单位为hPa**。
北京市海淀区中关村南大街46号	(国)法计（2010）00018号	张三、李四	王五	李四	2018年01月12日	2020年01月11日	219	13	10289
汉字、字符、数字,最长100个字符。	汉字、字符、数字,最长100个字符。	汉字、字符,最长50个字符。	汉字、字符,最长50个字符。	汉字、字符,最长50个字符。	YYYYMM-DD,共8个字符*。	YYYYMM-DD,共8个字符*。	数字,4个字符,单位℃**。	数字,3个字符,单位为%RH**。	数字,5个字符,单位为hPa**。
北京市海淀区中关村南大街46号	(国)法计（2010）00018号	张三、李四	王五	李四	2018年01月12日	2020年01月11日	219	75	10289
汉字、字符、数字,最长100个字符。	汉字、字符、数字,最长100个字符。	汉字、字符,最长50个字符。	汉字、字符,最长50个字符。	汉字、字符,最长50个字符。	YYYYMM-DD,共8个字符*。	YYYYMM-DD,共8个字符*。	数字,4个字符,单位℃**。	数字,3个字符,单位为%RH**。	数字,5个字符,单位为hPa**。
北京市海淀区中关村南大街46号	(国)法计（2010）00018号	张三、李四	王五	李四	2018年01月12日	2020年01月11日	219	13	10289

项目名称		仪器名称	仪器型号规格	仪器出厂编号	仪器生产厂家	仪器送检单位名称	仪器送检单位地址	仪器计量检定证书编号	计量检定类型	计量检定依据	计量检定机构名称
10cm地温传感器	填写规则	汉字,最长50个字符。	字母、符号、数字,最长100个字符。	字母、符号、数字,最长100个字符。	汉字、数字、符号、字母,最长100个字符。	汉字,最长100个字符。	汉字、数字、符号、字母,最长84个字符。	字母、数字、符号,最长50个字符。	选项:检定/校准/检测	汉字、字符、数字、字母,最长200个字符。	汉字,最长100个字符。
	示例	地温传感器(10cm)	HY15	P177115	华云升达(北京)气象科技有限责任公司	北京国家基本气象站	北京市大兴区旧宫东	JQJ字第717099597	选择:检定/校准/检测三种之一	JJF1171—2007校准规范	国家气象计量站
15cm地温传感器	填写规则	汉字,最长50个字符。	字母、符号、数字,最长100个字符。	字母、符号、数字,最长100个字符。	汉字、数字、符号、字母,最长100个字符。	汉字,最长100个字符。	汉字、数字、符号、字母,最长84个字符。	字母、数字、符号,最长50个字符。	选项:检定/校准/检测	汉字、字符、数字、字母,最长200个字符。	汉字,最长100个字符。
	示例	地温传感器(15cm)	HY15	P177115	华云升达(北京)气象科技有限责任公司	北京国家基本气象站	北京市大兴区旧宫东	JQJ字第717099597	选择:检定/校准/检测三种之一	JJF1171—2007校准规范	国家气象计量站
20cm地温传感器	填写规则	汉字,最长50个字符。	字母、符号、数字,最长100个字符。	字母、符号、数字,最长100个字符。	汉字、数字、符号、字母,最长100个字符。	汉字,最长100个字符。	汉字、数字、符号、字母,最长84个字符。	字母、数字、符号,最长50个字符。	选项:检定/校准/检测	汉字、字符、数字、字母,最长200个字符。	汉字,最长100个字符。
	示例	地温传感器(20cm)	HY15	P177115	华云升达(北京)气象科技有限责任公司	北京国家基本气象站	北京市大兴区旧宫东	JQJ字第717099597	选择:检定/校准/检测三种之一	JJF1171—2007校准规范	国家气象计量站
40cm地温传感器	填写规则	汉字,最长50个字符。	字母、符号、数字,最长100个字符。	字母、符号、数字,最长100个字符。	汉字、数字、符号、字母,最长100个字符。	汉字,最长100个字符。	汉字、数字、符号、字母,最长84个字符。	字母、数字、符号,最长50个字符。	选项:检定/校准/检测	汉字、字符、数字、字母,最长200个字符。	汉字,最长100个字符。

计量检定机构地址	计量检定机构授权证书号	计量检定人员	计量检定核验员	计量检定批准人	计量检定日期	下次计量检定日期	计量检定时的环境条件		
							温度	湿度	压力
汉字、字符、数字,最长100个字符。	汉字、字符、数字,最长100个字符。	汉字、字符,最长50个字符。	汉字、字符,最长50个字符。	汉字、字符,最长50个字符。	YYYYMM-DD,共8个字符*。	YYYYMM-DD,共8个字符*。	数字,4个字符,单位℃**。	数字,3个字符,单位为%RH**。	数字,5个字符,单位为hPa**。
北京市海淀区中关村南大街46号	(国)法计(2010)00018号	张三、李四	王五	李四	2018年01月12日	2020年01月11日	219	13	10289
汉字、字符、数字,最长100个字符。	汉字、字符、数字,最长100个字符。	汉字、字符,最长50个字符。	汉字、字符,最长50个字符。	汉字、字符,最长50个字符。	YYYYMM-DD,共8个字符*。	YYYYMM-DD,共8个字符*。	数字,4个字符,单位℃**。	数字,3个字符,单位为%RH**。	数字,5个字符,单位为hPa**。
北京市海淀区中关村南大街46号	(国)法计(2010)00018号	张三、李四	王五	李四	2018年01月12日	2020年01月11日	219	13	10289
汉字、字符、数字,最长100个字符。	汉字、字符、数字,最长100个字符。	汉字、字符,最长50个字符。	汉字、字符,最长50个字符。	汉字、字符,最长50个字符。	YYYYMM-DD,共8个字符*。	YYYYMM-DD,共8个字符*。	数字,4个字符,单位℃**	数字,3个字符,单位为%RH**。	数字,5个字符,单位为hPa**。
北京市海淀区中关村南大街46号	(国)法计(2010)00018号	张三、李四	王五	李四	2018年01月12日	2020年01月11日	219	13	10289
汉字、字符、数字,最长100个字符。	汉字、字符、数字,最长100个字符。	汉字、字符,最长50个字符。	汉字、字符,最长50个字符。	汉字、字符,最长50个字符。	YYYYMM-DD,共8个字符*。	YYYYMM-DD,共8个字符*。	数字,4个字符,单位℃**。	数字,3个字符,单位为%RH**。	数字,5个字符,单位为hPa**。

项目名称		仪器名称	仪器型号规格	仪器出厂编号	仪器生产厂家	仪器送检单位名称	仪器送检单位地址	仪器计量检定证书编号	计量检定类型	计量检定依据	计量检定机构名称
40cm地温传感器	示例	地温传感器(40cm)	HY15	P177115	华云升达(北京)气象科技有限责任公司	北京国家基本气象站	北京市大兴区旧宫东	JQJ字第717099597	选择：检定/校准/检测三种之一	JJF1171—2007校准规范	国家气象计量站
80cm地温传感器	填写规则	汉字,最长50个字符。	字母、符号、数字,最长100个字符。	字母、符号、数字,最长100个字符。	汉字、数字、符号、字母,最长100个字符。	汉字,最长100个字符。	汉字、数字、符号、字母,最长84个字符。	字母、数字、符号,最长50个字符。	选项：检定/校准/检测	汉字、字符、数字、字母,最长200个字符。	汉字,最长100个字符。
	示例	地温传感器(80cm)	HY15	P177115	华云升达(北京)气象科技有限责任公司	北京国家基本气象站	北京市大兴区旧宫东	JQJ字第717099597	选择：检定/校准/检测三种之一	JJF1171—2007校准规范	国家气象计量站
160cm地温传感器	填写规则	汉字,最长50个字符。	字母、符号、数字,最长100个字符。	字母、符号、数字,最长100个字符。	汉字、数字、符号、字母,最长100个字符。	汉字,最长100个字符。	汉字、数字、符号、字母,最长84个字符。	字母、数字、符号,最长50个字符。	选项：检定/校准/检测	汉字、字符、数字、字母,最长200个字符。	汉字,最长100个字符。
	示例	地温传感器(160cm)	HY15	P177115	华云升达(北京)气象科技有限责任公司	北京国家基本气象站	北京市大兴区旧宫东	JQJ字第717099597	选择：检定/校准/检测三种之一	JJF1171—2007校准规范	国家气象计量站
320cm地温传感器	填写规则	汉字,最长50个字符。	字母、符号、数字,最长100个字符。	字母、符号、数字,最长100个字符。	汉字、数字、符号、字母,最长100个字符。	汉字,最长100个字符。	汉字、数字、符号、字母,最长84个字符。	字母、数字、符号,最长50个字符。	选项：检定/校准/检测	汉字、字符、数字、字母,最长200个字符。	汉字,最长100个字符。
	示例	地温传感器(320cm)	HY15	P177204	华云升达(北京)气象科技有限责任公司	北京国家基本气象站	北京市大兴区旧宫东	JQJ字第717099597	选择：检定/校准/检测三种之一	JJF1171—2007校准规范	国家气象计量站

续表

计量检定机构地址	计量检定机构授权证书号	计量检定人员	计量检定核验员	计量检定批准人	计量检定日期	下次计量检定日期	计量检定时的环境条件		
							温度	湿度	压力
北京市海淀区中关村南大街46号	（国）法计（2010）00018号	张三、李四	王五	李四	2018年01月12日	2020年01月11日	219	13	10289
汉字、字符、数字，最长100个字符。	汉字、字符、数字，最长100个字符。	汉字、字符，最长50个字符。	汉字、字符，最长50个字符。	汉字、字符，最长50个字符。	YYYYMM-DD,共8个字符*。	YYYYMM-DD,共8个字符*。	数字,4个字符,单位℃**。	数字,3个字符,单位为%RH℃**	数字,5个字符,单位为hPa℃**
北京市海淀区中关村南大街46号	（国）法计（2010）00018号	张三、李四	王五	李四	2018年01月12日	2020年01月11日	219	13	10289
汉字、字符、数字，最长100个字符。	汉字、字符、数字，最长100个字符。	汉字、字符，最长50个字符。	汉字、字符，最长50个字符。	汉字、字符，最长50个字符。	YYYYMM-DD,共8个字符*。	YYYYMM-DD,共8个字符*。	数字,4个字符,单位℃**。	数字,3个字符,单位为%RH**。	数字,5个字符,单位为hPa**。
北京市海淀区中关村南大街46号	（国）法计（2010）00018号	张三、李四	王五	李四	2018年01月12日	2020年01月11日	219	13	10289
汉字、字符、数字，最长100个字符。	汉字、字符、数字，最长100个字符。	汉字、字符，最长50个字符。	汉字、字符，最长50个字符。	汉字、字符，最长50个字符。	YYYYMM-DD,共8个字符*。	YYYYMM-DD,共8个字符*。	数字,4个字符,单位℃**。	数字,3个字符,单位为%RH**。	数字,5个字符,单位为hPa**。
北京市海淀区中关村南大街46号	（国）法计（2010）00018号	张三、李四	王五	李四	2018年01月12日	2020年01月11日	219	13	10289

项目名称		仪器名称	仪器型号规格	仪器出厂编号	仪器生产厂家	仪器送检单位名称	仪器送检单位地址	仪器计量检定证书编号	计量检定类型	计量检定依据	计量检定机构名称
草温传感器	填写规则	汉字,最长50个字符。	字母、符号、数字,最长100个字符。	字母、符号、数字,最长100个字符。	汉字、数字、符号、字母,最长100个字符。	汉字,最长100个字符。	汉字、数字、符号、字母,最长84个字符。	字母、数字、符号、字母,最长50个字符。	选项:检定/校准/检测	汉字、字符、数字、字母,最长200个字符。	汉字,最长100个字符。
	示例	草温传感器	HY15	P177204	华云升达(北京)气象科技有限责任公司	北京国家基本气象站	北京市大兴区旧宫东	JQI字第717099597	选择:检定/校准/检测三种之一	JJF1171—2007校准规范	国家气象计量站
风向传感器	填写规则	汉字,最长50个字符。	字母、符号、数字,最长100个字符。	字母、符号、数字,最长100个字符。	汉字、数字、符号、字母,最长100个字符。	汉字,最长100个字符。	汉字、数字、符号、字母,最长84个字符。	字母、数字、符号、字母,最长50个字符。	选项:检定/校准/检测	汉字、字符、数字、字母,最长200个字符。	汉字,最长100个字符。
	示例	风向传感器	XFY3-1	1412302	华云升达(北京)气象科技有限责任公司	北京国家基本气象站	北京市大兴区旧宫东	GQI(C)LT2018-0006	选择:检定/校准/检测三种之一	JJG(气象)004—2011自动气象站-风向风速传感器检定规程	国家气象计量站
风速传感器	填写规则	汉字,最长50个字符。	字母、符号、数字,最长100个字符。	字母、符号、数字,最长100个字符。	汉字、数字、符号、字母,最长100个字符。	汉字,最长100个字符。	汉字、数字、符号、字母,最长84个字符。	字母、数字、符号、字母,最长50个字符。	选项:检定/校准/检测	汉字、字符、数字、字母,最长200个字符。	汉字,最长100个字符。
	示例	风速传感器	BLF1-S:51277.67.420	1412302	华云升达(北京)气象科技有限责任公司	北京国家基本气象站	北京市大兴区旧宫东	GQI(C)LT2018—0006	选择:检定/校准/检测三种类型之一	JJG(气象)004—2011自动气象站-风向风速传感器检定规程	国家气象计量站
翻斗式雨量传感器	填写规则	汉字,最长50个字符。	字母、符号、数字,最长100个字符。	字母、符号、数字,最长100个字符。	汉字、数字、符号、字母,最长100个字符。	汉字,最长100个字符。	汉字、数字、符号、字母,最长84个字符。	字母、数字、符号、字母,最长50个字符。	选项:检定/校准/检测	汉字、字符、数字、字母,最长200个字符。	汉字,最长100个字符。

计量检定机构地址	计量检定机构授权证书号	计量检定人员	计量检定核验员	计量检定批准人	计量检定日期	下次计量检定日期	计量检定时的环境条件		
							温度	湿度	压力
汉字、字符、数字,最长100个字符。	汉字、字符、数字,最长100个字符。	汉字、字符,最长50个字符。	汉字、字符,最长50个字符。	汉字、字符,最长50个字符。	YYYYMM-DD,共8个字符*。	YYYYMM-DD,共8个字符*。	数字,4个字符,单位℃**。	数字,3个字符,单位为%RH**。	数字,5个字符,单位为hPa**。
北京市海淀区中关村南大街46号	(国)法计(2010)00018号	张三、李四	王五	李四	2018 年 01 月 12 日	2020 年 01 月 11 日	219	13	10289
汉字、字符、数字,最长100个字符。	汉字、字符、数字,最长100个字符。	汉字、字符,最长50个字符。	汉字、字符,最长50个字符。	汉字、字符,最长50个字符。	YYYYMM-DD,共8个字符*。	YYYYMM-DD,共8个字符*。	数字,4个字符,单位℃**。	数字,3个字符,单位为%RH**。	数字,5个字符,单位为hPa**。
北京市海淀区中关村南大街46号	(国)法计(2010)00018号	张三、李四	王五	李四	2018 年 01 月 12 日	2020 年 01 月 11 日	219	13	10289
汉字、字符、数字,最长100个字符。	汉字、字符、数字,最长100个字符。	汉字、字符,最长50个字符。	汉字、字符,最长50个字符。	汉字、字符,最长50个字符。	YYYYMM-DD,共8个字符*。	YYYYMM-DD,共8个字符*。	数字,4个字符,单位℃**。	数字,3个字符,单位为%RH**。	数字,5个字符,单位为hPa**。
北京市海淀区中关村南大街46号	(国)法计(2010)00018号	张三、李四	王五	李四	2018 年 01 月 12 日	2020 年 01 月 11 日	219	13	10289
汉字、字符、数字,最长100个字符。	汉字、字符、数字,最长100个字符。	汉字、字符,最长50个字符。	汉字、字符,最长50个字符。	汉字、字符,最长50个字符。	YYYYMM-DD,共8个字符*。	YYYYMM-DD,共8个字符*。	数字,4个字符,单位℃**。	数字,3个字符,单位为%RH**。	数字,5个字符,单位为hPa。

项目名称		仪器名称	仪器型号规格	仪器出厂编号	仪器生产厂家	仪器送检单位名称	仪器送检单位地址	仪器计量检定证书编号	计量检定类型	计量检定依据	计量检定机构名称
翻斗式雨量传感器	示例	雨量传感器	SL3-1	201303231	华云升达（北京）气象科技有限责任公司	北京国家基本气象站	北京市大兴区旧宫东	JQJ字第718030440	选择：检定/校准/检测三种类型之一	JJF1171—2007校准规范	国家气象计量站
称重式雨量传感器	填写规则	汉字，最长50个字符。	字母、符号、数字，最长100个字符。	字母、符号、数字，最长100个字符。	汉字、数字、符号、字母，最长100个字符。	汉字，最长100个字符。	汉字、数字、符号、字母，最长84个字符。	字母、数字、符号，最长50个字符。	选项：检定/校准/检测	汉字、字符、数字、字母，最长200个字符。	汉字，最长100个字符。
	示例	称重式降水传感器	DSC1	BZ-1407.014	华云升达（北京）气象科技有限责任公司	北京国家基本气象站	北京市大兴区旧宫东	1.22E+09	选择：检定/校准/检测三种类型之一	《称重式降水传感器现场校准方法》	国家气象计量站
降水现象仪		汉字，最长50个字符。	字母、符号、数字，最长100个字符。	字母、符号、数字，最长100个字符。	汉字、数字、符号、字母，最长100个字符。	汉字，最长100个字符。	汉字、数字、符号、字母，最长84个字符。	字母、数字、符号，最长50个字符。	选项：检定/校准/检测	汉字、字符、数字、字母，最长200个字符。	汉字，最长100个字符。
雪深观测仪		汉字，最长50个字符。	字母、符号、数字，最长100个字符。	字母、符号、数字，最长100个字符。	汉字、数字、符号、字母，最长100个字符。	汉字，最长100个字符。	汉字、数字、符号、字母，最长84个字符。	字母、数字、符号，最长50个字符。	选项：检定/校准/检测	汉字、字符、数字、字母，最长200个字符。	汉字，最长100个字符。
蒸发传感器	填写规则	汉字，最长50个字符。	字母、符号、数字，最长100个字符。	字母、符号、数字，最长100个字符。	汉字、数字、符号、字母，最长100个字符。	汉字，最长100个字符。	汉字、数字、符号、字母，最长84个字符。	字母、数字、符号，最长50个字符。	选项：检定/校准/检测	汉字、字符、数字、字母，最长200个字符。	汉字，最长100个字符。
	示例	蒸发传感器	AG1.0B	38	华云升达（北京）气象科技有限责任公司	北京国家基本气象站	北京市大兴区旧宫东	12201800048	选择：检定/校准/检测三种类型之一	JJG(气象)006—2011自动气象站蒸发传感器	国家气象计量站

计量检定机构地址	计量检定机构授权证书号	计量检定人员	计量检定核验员	计量检定批准人	计量检定日期	下次计量检定日期	计量检定时的环境条件		
							温度	湿度	压力
北京市海淀区中关村南大街46号	（国）法计（2010）00018号	张三、李四	王五	李四	2018年01月12日	2020年01月11日	219	13	10289
汉字、字符、数字，最长100个字符。	汉字、字符、数字，最长100个字符。	汉字、字符，最长50个字符。	汉字、字符，最长50个字符。	汉字、字符，最长50个字符。	YYYYMM-DD，共8个字符*。	YYYYMM-DD，共8个字符*。	数字，4个字符，单位℃**。	数字，3个字符，单位为%RH**。	数字，5个字符，单位为hPa**。
北京市海淀区中关村南大街46号	（国）法计（2010）00018号	张三、李四	王五	李四	2018年01月12日	2020年01月11日	219	13	10289
汉字、字符、数字，最长100个字符。	汉字、字符、数字，最长100个字符。	汉字、字符，最长50个字符。	汉字、字符，最长50个字符。	汉字、字符，最长50个字符。	YYYYMM-DD，共8个字符*。	YYYYMM-DD，共8个字符*。	数字，4个字符，单位℃**。	数字，3个字符，单位为%RH**。	数字，5个字符，单位为hPa**。
汉字、字符、数字，最长100个字符。	汉字、字符、数字，最长100个字符。	汉字、字符，最长50个字符。	汉字、字符，最长50个字符。	汉字、字符，最长50个字符。	YYYYMM-DD，共8个字符*。	YYYYMM-DD，共8个字符*。	数字，4个字符，单位℃**。	数字，3个字符，单位为%RH**。	数字，5个字符，单位为hPa**。
汉字、字符、数字，最长100个字符。	汉字、字符、数字，最长100个字符。	汉字、字符，最长50个字符。	汉字、字符，最长50个字符。	汉字、字符，最长50个字符。	YYYYMM-DD，共8个字符*。	YYYYMM-DD，共8个字符*。	数字，4个字符，单位℃**。	数字，3个字符，单位为%RH**。	数字，5个字符，单位为hPa**。
北京市海淀区中关村南大街46号	（国）法计（2010）00018号	张三、李四	王五	李四	2018年01月12日	2020年01月11日	219	13	10289

项目名称	仪器名称	仪器型号规格	仪器出厂编号	仪器生产厂家	仪器送检单位名称	仪器送检单位地址	仪器计量检定证书编号	计量检定类型	计量检定依据	计量检定机构名称
光电式数字日照计	填写规则	汉字,最长50个字符。	字母、符号、数字,最长100个字符。	字母、符号、数字,最长100个字符。	汉字、数字、符号、字母,最长100个字符。	汉字,最长100个字符。	汉字、数字、符号、字母,最长84个字符。	字母、数字、符号,最长50个字符。	选项:检定/校准/检测	汉字、字符、数字、字母,最长200个字符。	汉字,最长100个字符。

注:＊其中,YYYY:表示年份,MM:表示月份,DD:表示日期,高位不足补0。

　　＊＊保留一位小数,原值扩大10倍录入。

H.2　计量信息统计表(辐射站)

项目名称	仪器名称	仪器型号规格	仪器出厂编号	仪器生产厂家	仪器送检单位名称	仪器送检单位地址	仪器计量检定证书编号	计量检定类型	计量检定依据	计量检定机构名称
总辐射表 填写规则	汉字,最长50个字符。	字母、符号、数字,最长100个字符。	字母、符号、数字,最长100个字符。	汉字、数字、符号、字母,最长100个字符。	汉字,最长100个字符。	汉字、数字、符号、字母,最长84个字符。	字母、数字、符号,最长50个字符。	选项:检定/校准/检测	汉字、字符、数字、字母,最长200个字符。	汉字,最长100个字符。	
总辐射表 示例	总辐射表	TBQ-2-B	122	气科院,大气探测中心	北京国家基本气象站	北京市大兴区旧宫东	GQJ（C）LT2018—0006	选择:检定/校准/检测三种之一	JJG458—96总辐射表检定规程	国家气象计量站
净辐射表 填写规则	汉字,最长50个字符。	字母、符号、数字,最长100个字符。	字母、符号、数字,最长100个字符。	汉字、数字、符号、字母,最长100个字符。	汉字,最长100个字符。	汉字、数字、符号、字母,最长84个字符。	字母、数字、符号,最长50个字符。	选项:检定/校准/检测	汉字、字符、数字、字母,最长200个字符。	汉字,最长100个字符。
净辐射表 示例	净辐射表	DFY-5	36	气科院,大气探测中心	北京国家基本气象站	北京市大兴区旧宫东	GQJ（C）LT2018—0006	选择:检定/校准/检测三种之一	JJF1171—2007校准规范	国家气象计量站

计量检定机构地址	计量检定机构授权证书号	计量检定人员	计量检定核验员	计量检定批准人	计量检定日期	下次计量检定日期	计量检定时的环境条件		
							温度	湿度	压力
汉字、字符、数字,最长100个字符。	汉字、字符、数字,最长100个字符。	汉字、字符,最长50个字符。	汉字、字符,最长50个字符。	汉字、字符,最长50个字符。	YYYYMM-DD,共8个字符*。	YYYYMM-DD,共8个字符*。	数字,4个字符,单位℃**。	数字,3个字符,单位为%RH**。	数字,5个字符,单位为hPa**。

计量检定机构地址	计量检定机构授权证书号	计量检定人员	计量检定核验员	计量检定批准人	计量检定日期	下次计量检定日期	计量检定时的环境条件		
							温度	湿度	压力
汉字、字符、数字,最长100个字符。	汉字、字符、数字,最长100个字符。	汉字、字符,最长50个字符。	汉字、字符,最长50个字符。	汉字、字符,最长50个字符。	YYYYMM-DD,共8个字符*。	YYYYMM-DD,共8个字符*。	数字,4个字符,单位℃**。	数字,3个字节,单位为%RH**。	数字,5个字符,单位为hPa**。
北京市海淀区中关村南大街46号	(国)法计(2010)00018号	张三、李四	王五	李四	2018年01月12日	2020年01月11日	219	13	10289
汉字、字符、数字,最长100个字符。	汉字、字符、数字,最长100个字符。	汉字、字符,最长50个字符。	汉字、字符,最长50个字符。	汉字、字符,最长50个字符。	YYYYMM-DD,共8个字符*。	YYYYMM-DD,共8个字符*。	数字,4个字节,单位℃**。	数字,3个字节,单位为%RH**。	数字,5个字节,单位为hPa**。
北京市海淀区中关村南大街46号	(国)法计(2010)00018号	张三、李四	王五	李四	2018年01月12日	2020年01月11日	22	13	10289

项目名称	仪器名称	仪器型号规格	仪器出厂编号	仪器生产厂家	仪器送检单位名称	仪器送检单位地址	仪器计量检定证书编号	计量检定类型	计量检定依据	计量检定机构名称
直接辐射表 填写规则	汉字，最长50个字符。	字母、符号、数字，最长100个字符。	字母、符号、数字，最长100个字符。	汉字、数字、符号、字母，最长100个字符。	汉字，最长100个字符。	汉字、数字、符号、字母，最长84个字符。	字母、数字、符号，最长50个字符。	选项：检定/校准/检测	汉字、字符、数字、字母，最长200个字符。	汉字，最长100个字符。
示例	直接辐射表	TBQ-2-B	149	气科院，大气探测中心	北京国家基本气象站	北京市大兴区旧宫东	GQJ（C）LT2018—0006	选择：检定/校准/检测三种之一	JJF1171—2007 校准规范	国家气象计量站
反射辐射表 填写规则	汉字，最长50个字符。	字母、符号、数字，最长100个字符。	字母、符号、数字，最长100个字符。	汉字、数字、符号、字母，最长100个字符。	汉字，最长100个字符。	汉字、数字、符号、字母，最长84个字符。	字母、数字、符号，最长50个字符。	选项：检定/校准/检测	汉字、字符、数字、字母，最长200个字符。	汉字，最长100个字符。
示例	反射辐射表	TBQ-2-B	155	气科院，大气探测中心	北京国家基本气象站	北京市大兴区旧宫东	GQJ（C）LT2018—0006	选择：检定/校准/检测三种之一	JJF1171—2007 校准规范	国家气象计量站
散射辐射表 填写规则	汉字，最长50个字符。	字母、符号、数字，最长100个字符。	字母、符号、数字，最长100个字符。	汉字、数字、符号、字母，最长100个字符。	汉字，最长100个字符。	汉字、数字、符号、字母，最长84个字符。	字母、数字、符号，最长50个字符。	选项：检定/校准/检测	汉字、字符、数字、字母，最长200个字符。	汉字，最长100个字符。
示例	散射辐射表	TBQ-2-B	152	气科院，大气探测中心	北京国家基本气象站	北京市大兴区旧宫东	GQJ（C）LT2018—0006	选择：检定/校准/检测三种之一	JJF1171—2007 校准规范	国家气象计量站

注：＊其中，YYYY：表示年份，MM：表示月份，DD：表示日期，高位不足补 0。

＊＊保留一位小数，原值扩大 10 倍录入。

计量检定机构地址	计量检定机构授权证书号	计量检定人员	计量检定核验员	计量检定批准人	计量检定日期	下次计量检定日期	计量检定时的环境条件		
							温度	湿度	压力
汉字、字符、数字,最长100个字符。	汉字、字符、数字,最长100个字符。	汉字、字符、数字。	汉字、字符,最长50个字符。	汉字、字符,最长50个字符。	YYYYMM-DD,共8个字符*。	YYYYMM-DD,共8个字符*。	数字,4个字节,单位℃**。	数字,3个字节,单位为%RH**。	数字,5个字节,单位为hPa**。
北京市海淀区中关村南大街46号	(国)法计(2010)00018号	张三、李四	王五	李四	2018年01月12日	2020年01月11日	219	13	10289
汉字、字符、数字,最长100个字符。	汉字、字符、数字,最长100个字符。	汉字、字符,最长50个字符。	汉字、字符,最长50个字符。	汉字、字符,最长50个字符。	YYYYMM-DD,共8个字符*。	YYYYMM-DD,共8个字符*	数字,4个字节,单位℃**。	数字,3个字节,单位为%RH**。	数字,5个字节,单位为hPa**。
北京市海淀区中关村南大街46号	(国)法计(2010)00018号	张三、李四	王五	李四	2018年01月12日	2020年01月11日	219	13	10289
汉字、字符、数字,最长100个字符。	汉字、字符、数字,最长100个字符。	汉字、字符,最长50个字符。	汉字、字符,最长50个字符。	汉字、字符,最长50个字符。	YYYYMM-DD,共8个字符*。	YYYYMM-DD,共8个字符*。	数字,4个字节,单位℃**。	数字,3个字节,单位为1%RH**。	数字,5个字节,单位为hPa**。
北京市海淀区中关村南大街46号	(国)法计(2010)00018号	张三、李四	王五	李四	2018年01月12日	2020年01月11日	219	13	10289

附录 I　国内地面自动站设备计量信息 XML 编码格式

I1　范围

本格式规定了国内地面自动站的设备计量信息的编码格式、编码规则和代码。

本格式适用于国内地面自动站的设备计量信息的编码传输。

I2　格式

国内地面自动站设备计量信息用 XML 格式进行编码传输，XML 格式采用标准的 XML Schema 进行描述，XML Schema 在 2001 年 5 月 2 日成为 W3C 标准。

Schema 元素引用的命名空间是 xmlns＝http：//www.w3.org/2001/XMLSchema。

国内地面自动站设备计量信息主要包括 3 部分内容：基本信息、新型自动气象站和辐射站。每一个地面自动站设备计量信息 XML 文件都包括一个＜InformationOfEquipment＞复合元素，该复合元素包括 3 个子元素：＜StationInformation＞、＜Caws3000＞和＜radiation-station＞。每一类子元素还是复合元素，其又包括不同的元素字段，具体内容见表 I1。

表 II　地面自动站设备计量信息要素字典

序号	要素分类	要素分类（英文）	传感器	传感器（英文）	要素名	要素名（英文）	类型	备注
243	基本信息	Basic Information			区站号	StationID	字符串/String	台站指定的一个唯一标识符
244					纬度	Latitudes	字符串/String	长度 6 字节，按度分秒记录，均为 2 位，高位不足补"0"，台站纬度未精确到秒时，秒固定记录"00"
245					经度	Longitudes	字符串/String	长度 7 字节，按度分秒记录，度为 3 位，分秒为 2 位，高位不足补"0"，台站经度未精确到秒时，秒固定记录"00"
246					时间	DateTime	字符串/String	格式：YYYYMMDD-HHmmss
247	自动气象站	Automatic Meteorological Station	新型自动气象站	New Automatic Meteorological Station	仪器型号	model	字符串/String	
248					出厂编号	sn	字符串/String	
249					生产厂家	producer	字符串/String	
250					计量检定证书编号	CertificateNo	字符串/String	
251					检定日期	CertificateDate	日期/Date	格式：YYYYMMDD
252					超检日期	Ultra inspectiondate	日期/Date	格式：YYYYMMDD
253					送检单位名称	Inspectionname	字符串/String	

续表

序号	要素分类	要素分类（英文）	传感器	传感器（英文）	要素名	要素名（英文）	类型	备注
254	自动气象站	Automatic Meteorological Station	新型自动气象站	New Automatic Meteorological Station	送检单位地址	Inspection-path	字符串/String	
255					检定类型	Verification-type	字符串/String	
256					检定依据	Verification-base	字符串/String	
257					检定机构名称	Nameofcertificationauthority	字符串/String	
258					检定机构地址	PathOfCertificationAuthority	字符串/String	
259					检定机构授权证书号	AuthorizationCode	字符串/String	
260					检定人员	verificationPersonnel	字符串/String	
261					检定核验员	recheck	字符串/String	
262					检定批准人	approver	字符串/String	
263					检定时的环境条件—温度	EnvironmentTemperature	双精度/single	
264					检定时的环境条件—湿度	EnvironmentWetbulbTemperature	双精度/single	
265					检定时的环境条件—压力	Environment Pressure	双精度/single	
266	自动气象站	Automatic Meteorological Station	气压传感器	Pressure	仪器型号	model	字符串/String	
267					出厂编号	sn	字符串/String	
268					生产厂家	producer	字符串/String	
269					计量检定证书编号	CertificateNo	字符串/String	
270					检定日期	CertificateDate	日期/Date	格式：YYYYMMDD
271					超检日期	Ultra inspectiondate	日期/Date	格式：YYYYMMDD
272					送检单位名称	Inspectionname	字符串/String	
273					送检单位地址	Inspection-path	字符串/String	

续表

序号	要素分类	要素分类（英文）	传感器	传感器（英文）	要素名	要素名（英文）	类型	备注
274					检定类型	Verification-type	字符串/String	
275					检定依据	Verification-base	字符串/String	
276					检定机构名称	Nameofcertificationauthority	字符串/String	
277					检定机构地址	PathOfCertificationAuthority	字符串/String	
278	自动气象站	Automatic Meteorological Station	气压传感器	Pressure	检定机构授权证书号	AuthorizationCode	字符串/String	
279					检定人员	verificationPersonnel	字符串/String	
280					检定核验员	recheck	字符串/String	
281					检定批准人	approver	字符串/String	
282					检定时的环境条件－温度	EnvironmentTemperature	双精度/single	
283					检定时的环境条件－湿度	EnvironmentWetbulbTemperature	双精度/single	
284					检定时的环境条件－压力	Environment Pressure	双精度/single	
285					仪器型号	model	字符串/String	
286					出厂编号	sn	字符串/String	
287					生产厂家	producer	字符串/String	
288	自动气象站	Automatic Meteorological Station	温度传感器	Temperature	计量检定证书编号	CertificateNo	字符串/String	
289					检定日期	CertificateDate	日期/Date	格式：YYYYMMDD
290					超检日期	Ultra inspectiondate	日期/Date	格式：YYYYMMDD
291					送检单位名称	Inspectionname	字符串/String	
292					送检单位地址	Inspection-path	字符串/String	
293					检定类型	Verification-type	字符串/String	

续表

序号	要素分类	要素分类（英文）	传感器	传感器（英文）	要素名	要素名（英文）	类型	备注
294	自动气象站	Automatic Meteorological Station	温度传感器	Temperature	检定依据	Verification-base	字符串/String	
295					检定机构名称	NameofcertificationauthoritV	字符串/String	
296					检定机构地址	PathOfCertificationAuthoritV	字符串/String	
297					检定机构授权证书号	AuthorizationCode	字符串/String	
298					检定人员	verificationPersonnel	字符串/String	
299					检定核验员	recheck	字符串/String	
300					检定批准人	approver	字符串/String	
301					检定时的环境条件-温度	EnvironmentTemperature	双精度/single	
302					检定时的环境条件-湿度	EnvironmentWetbulbTemperature	双精度/single	
303					检定时的环境条件-压力	Environment Pressure	双精度/single	
304	自动气象站	Automatic Meteorological Station	湿度传感器	Wetbulb Temperature	仪器型号	model	字符串/String	
305					出厂编号	sn	字符串/String	
306					生产厂家	producer	字符串/String	
307					计量检定证书编号	CertificateNo	字符串/String	
308					检定日期	CertificateDate	日期/Date	格式：YYYYMMDD
309					超检日期	Ultra inspectiondate	日期/Date	格式：YYYYMMDD
310					送检单位名称	Inspectionname	字符串/String	
311					送检单位地址	Inspection-path	字符串/String	
312					检定类型	Verification-type	字符串/String	
313					检定依据	Verification-base	字符串/String	

续表

序号	要素分类	要素分类（英文）	传感器	传感器（英文）	要素名	要素名（英文）	类型	备注
314					检定机构名称	Nameofcertificationauthority	字符串/String	
315					检定机构地址	PathOfCertificationAuthority	字符串/String	
316					检定机构授权证书号	AuthorizationCode	字符串/String	
317	自动气象站	Automatic Meteorological Station	湿度传感器	Wetbulb Temperature	检定人员	verificationPersonnel	字符串/String	
318					检定核验员	recheck	字符串/String	
319					检定批准人	approver	字符串/String	
320					检定时的环境条件—温度	EnvironmentTemperature	双精度/single	
321					检定时的环境条件—湿度	EnvironmentWetbulbTemperature	双精度/single	
322					检定时的环境条件—压力	Environment Pressure	双精度/single	
323	自动气象站	Automatic Meteorological Station	风向传感器	WindDirection	仪器型号	model	字符串/String	
324					出厂编号	sn	字符串/String	
325					生产厂家	producer	字符串/String	
326					计量检定证书编号	CertificateNo	字符串/String	
327					检定日期	CertificateDate	日期/Date	格式：YYYYMMDD
328					超检日期	Ultra inspectiondate	日期/Date	格式：YYYYMMDD
329					送检单位名称	Inspectionname	字符串/String	
330					送检单位地址	Inspection-path	字符串/String	
331					检定类型	Verification-type	字符串/String	
332					检定依据	Verification-base	字符串/String	
333					检定机构名称	Nameofcertificationauthority	字符串/String	

续表

序号	要素分类	要素分类（英文）	传感器	传感器（英文）	要素名	要素名（英文）	类型	备注
334	自动气象站	Automatic Meteorological Station	风向传感器	WindDirection	检定机构地址	PathOfCertificationAuthority	字符串/String	
335					检定机构授权证书号	AuthorizationCode	字符串/String	
336					检定人员	verificationPersonnel	字符串/String	
337					检定核验员	recheck	字符串/String	
338					检定批准人	approver	字符串/String	
339					检定时的环境条件-温度	EnvironmentTemperature	双精度/single	
340					检定时的环境条件-湿度	EnvironmentWetbulbTemperature	双精度/single	
341					检定时的环境条件-压力	Environment Pressure	双精度/single	
342	自动气象站	Automatic Meteorological Station	风速传感器	WindSpeed	仪器型号	model	字符串/String	
343					出厂编号	sn	字符串/String	
344					生产厂家	producer	字符串/String	
345					计量检定证书编号	CertificateNo	字符串/String	
346					检定日期	CertificateDate	日期/Date	格式：YYYYMMDD
347					超检日期	Ultra inspectiondate	日期/Date	格式：YYYYMMDD
348					送检单位名称	Inspectionname	字符串/String	
349					送检单位地址	Inspection-path	字符串/String	
350					检定类型	Verification-type	字符串/String	
351					检定依据	Verification-base	字符串/String	
352					检定机构名称	NameofcertificationAuthority	字符串/String	
353					检定机构地址	PathOfCertificationAuthority	字符串/String	

续表

序号	要素分类	要素分类（英文）	传感器	传感器（英文）	要素名	要素名（英文）	类型	备注
354	自动气象站	Automatic Meteorological Station	风速传感器	WindSpeed	检定机构授权证书号	AuthorizationCode	字符串/String	
355					检定人员	verificationPersonnel	字符串/String	
356					检定核验员	recheck	字符串/String	
357					检定批准人	approver	字符串/String	
358					检定时的环境条件—温度	EnvironmentTemperature	双精度/single	
359					检定时的环境条件—湿度	EnvironmentWetbulbTemperature	双精度/single	
360					检定时的环境条件—压力	Environment Pressure	双精度/single	
361	自动气象站	Automatic Meteorological Station	翻斗式雨量传感器	Rainfall	仪器型号	model	字符串/String	
362					出厂编号	sn	字符串/String	
363					生产厂家	producer	字符串/String	
364					计量检定证书编号	CertificateNo	字符串/String	
365					检定日期	CertificateDate	日期/Date	格式：YYYYMMDD
366					超检日期	Ultra inspectiondate	日期/Date	格式：YYYYMMDD
367					送检单位名称	Inspectionname	字符串/String	
368					送检单位地址	Inspection-path	字符串/String	
369					检定类型	Verification-type	字符串/String	
370					检定依据	Verification-base	字符串/String	
371					检定机构名称	Nameofcertificationauthority	字符串/String	
372					检定机构地址	PathOfCertificationAuthority	字符串/String	
373					检定机构授权证书号	AuthorizationCode	字符串/String	

续表

序号	要素分类	要素分类（英文）	传感器	传感器（英文）	要素名	要素名（英文）	类型	备注
374					检定人员	verificationPersonnel	字符串/String	
375					检定核验员	recheck	字符串/String	
376	自动气象站	Automatic Meteorological Station	翻斗式雨量传感器	Rainfall	检定批准人	approver	字符串/String	
377					检定时的环境条件—温度	EnvironmentTemperature	双精度/single	
378					检定时的环境条件—湿度	EnvironmentWetbulbTemperature	双精度/single	
379					检定时的环境条件—压力	Environment Pressure	双精度/single	
380					仪器型号	model	字符串/String	
381					出厂编号	sn	字符串/String	
382					生产厂家	producer	字符串/String	
383					计量检定证书编号	CertificateNo	字符串/String	
384			称重式雨量传感器	Rain	检定日期	CertificateDate	日期/Date	格式：YYYYMMDD
385	自动气象站	Automatic Meteorological Station			超检日期	Ultra inspectiondate	日期/Date	格式：YYYYMMDD
386					送检单位名称	Inspectionname	字符串/String	
387					送检单位地址	Inspection-path	字符串/String	
388					检定类型	Verification-type	字符串/String	
389					检定依据	Verification-base	字符串/String	
390					检定机构名称	Nameofcertificationauthority	字符串/String	
391					检定机构地址	PathOfCertificationAuthority	字符串/String	
392					检定机构授权证书号	AuthorizationCode	字符串/String	
393					检定人员	verificationPersonnel	字符串/String	

续表

序号	要素分类	要素分类（英文）	传感器	传感器（英文）	要素名	要素名（英文）	类型	备注
394	自动气象站	Automatic Meteorological Station	称重式雨量传感器	Rain	检定核验员	recheck	字符串/String	
395					检定批准人	approver	字符串/String	
396					检定时的环境条件—温度	EnvironmentTemperature	双精度/single	
397					检定时的环境条件—湿度	EnvironmentWetbulbTemperature	双精度/single	
398					检定时的环境条件—压力	Environment Pressure	双精度/single	
399					仪器型号	model	字符串/String	
400					出厂编号	sn	字符串/String	
401					生产厂家	producer	字符串/String	
402					计量检定证书编号	CertificateNo	字符串/String	
403					检定日期	CertificateDate	日期/Date	格式：YYYYMMDD
404					超检日期	Ultra inspectiondate	日期/Date	格式：YYYYMMDD
405	自动气象站	Automatic Meteorological Station	光电式数字日照计	Sunshine	送检单位名称	Inspectionname	字符串/String	
406					送检单位地址	Inspection-path	字符串/String	
407					检定类型	Verification-type	字符串/String	
408					检定依据	Verification-base	字符串/String	
409					检定机构名称	Nameofcertificationauthority	字符串/String	
410					检定机构地址	PathOfCertificationAuthority	字符串/String	
411					检定机构授权证书号	AuthorizationCode	字符串/String	
412					检定人员	verificationPersonnel	字符串/String	
413					检定核验员	recheck	字符串/String	

续表

序号	要素分类	要素分类（英文）	传感器	传感器（英文）	要素名	要素名（英文）	类型	备注
414	自动气象站	Automatic Meteorological Station	光电式数字日照计	Sunshine	检定批准人	approver	字符串/String	
415					检定时的环境条件－温度	EnvironmentTemperature	双精度/single	
416					检定时的环境条件－湿度	EnvironmentWetbulbTemperature	双精度/single	
417					检定时的环境条件－压力	Environment Pressure	双精度/single	
418					仪器型号	model	字符串/String	
419					出厂编号	sn	字符串/String	
420					生产厂家	producer	字符串/String	
421					计量检定证书编号	CertificateNo	字符串/String	
422					检定日期	CertificateDate	日期/Date	格式：YYYYMMDD
423					超检日期	Ultra inspectiondate	日期/Date	格式：YYYYMMDD
424	自动气象站	Automatic Meteorological Station	蒸发传感器	Evaporation	送检单位名称	Inspectionname	字符串/String	
425					送检单位地址	Inspection-path	字符串/String	
426					检定类型	Verification-type	字符串/String	
427					检定依据	Verification-base	字符串/String	
428					检定机构名称	Nameofcertificationauthority	字符串/String	
429					检定机构地址	PathOfCertificationAuthority	字符串/String	
430					检定机构授权证书号	AuthorizationCode	字符串/String	
431					检定人员	verificationPersonnel	字符串/String	
432					检定核验员	recheck	字符串/String	
433					检定批准人	approver	字符串/String	

续表

序号	要素分类	要素分类（英文）	传感器	传感器（英文）	要素名	要素名（英文）	类型	备注
434	自动气象站	Automatic Meteorological Station	蒸发传感器	Evaporation	检定时的环境条件—温度	EnvironmentTemperature	双精度/single	
435					检定时的环境条件—湿度	EnvironmentWetbulbTemperature	双精度/single	
436					检定时的环境条件—压力	Environment Pressure	双精度/single	
437					仪器型号	model	字符串/String	
438					出厂编号	sn	字符串/String	
439					生产厂家	producer	字符串/String	
440					计量检定证书编号	CertificateNo	字符串/String	
441					检定日期	CertificateDate	日期/Date	格式：YYYYMMDD
442					超检日期	Ultra inspectiondate	日期/Date	格式：YYYYMMDD
443					送检单位名称	Inspectionname	字符串/String	
444					送检单位地址	Inspection-path	字符串/String	
445			0 cm 地温传感器	Ground Temperature	检定类型	Verification-type	字符串/String	
446	自动气象站	Automatic Meteorological Station			检定依据	Verification-base	字符串/String	
447					检定机构名称	Nameofcertificationauthority	字符串/String	
448					检定机构地址	PathOfCertificationAuthority	字符串/String	
449					检定机构授权证书号	AuthorizationCode	字符串/String	
450					检定人员	verificationPersonnel	字符串/String	
451					检定核验员	recheck	字符串/String	
452					检定批准人	approver	字符串/String	
453					检定时的环境条件—温度	EnvironmentTemperature	双精度/single	

续表

序号	要素分类	要素分类（英文）	传感器	传感器（英文）	要素名	要素名（英文）	类型	备注
454	自动气象站	Automatic Meteorological Station	0 cm地温传感器	Ground Temperature	检定时的环境条件—湿度	EnvironmentWetbulbTemperature	双精度/single	
455					检定时的环境条件—压力	Environment Pressure	双精度/single	
456					仪器型号	model	字符串/String	
457					出厂编号	sn	字符串/String	
458					生产厂家	producer	字符串/String	
459					计量检定证书编号	CertificateNo	字符串/String	
460					检定日期	CertificateDate	日期/Date	格式：YYYYMMDD
461					超检日期	Ultra inspectiondate	日期/Date	格式：YYYYMMDD
462					送检单位名称	Inspectionname	字符串/String	
463	自动气象站	Automatic Meteorological Station	5 cm地温传感器	Ground Temperature—5 cm	送检单位地址	Inspection-path	字符串/String	
464					检定类型	Verification-type	字符串/String	
465					检定依据	Verification-base	字符串/String	
466					检定机构名称	NameofcertificationauthoriIV	字符串/String	
467					检定机构地址	PathOfCertificationAuthority	字符串/String	
468					检定机构授权证书号	AuthorizationCode	字符串/String	
469					检定人员	verificationPersonnel	字符串/String	
470					检定核验员	recheck	字符串/String	
471					检定批准人	approver	字符串/String	
472					检定时的环境条件—温度	EnvironmentTemperature	双精度/single	

续表

序号	要素分类	要素分类（英文）	传感器	传感器（英文）	要素名	要素名（英文）	类型	备注
473	自动气象站	Automatic Meteorological Station	5 cm 地温传感器	Ground Temperature −5 cm	检定时的环境条件-湿度	EnvironmentWetbulbTemperature	双精度/single	
474					检定时的环境条件—压力	Environment Pressure	双精度/single	
475					仪器型号	model	字符串/String	
476					出厂编号	sn	字符串/String	
477					生产厂家	producer	字符串/String	
478					计量检定证书编号	CertificateNo	字符串/String	
479					检定日期	CertificateDate	日期/Date	格式：YYYYMMDD
480					超检日期	Ultra inspectiondate	日期/Date	格式：YYYYMMDD
481					送检单位名称	Inspectionname	字符串/String	
482	自动气象站	Automatic Meteorological Station	10 cm 地温传感器	Ground Temperature −10 cm	送检单位地址	Inspection-path	字符串/String	
483					检定类型	Verification-type	字符串/String	
484					检定依据	Verification-base	字符串/String	
485					检定机构名称	Nameofcertificationauthority	字符串/String	
486					检定机构地址	PathOfCertificationAuthority	字符串/String	
487					检定机构授权证书号	AuthorizationCode	字符串/String	
488					检定人员	verificationPersonnel	字符串/String	
489					检定核验员	recheck	字符串/String	
490					检定批准人	approver	字符串/String	
491					检定时的环境条件-温度	EnvironmentTemperature	双精度/single	

续表

序号	要素分类	要素分类（英文）	传感器	传感器（英文）	要素名	要素名（英文）	类型	备注
492	自动气象站	Automatic Meteorological Station	10 cm 地温传感器	Ground Temperature −10 cm	检定时的环境条件—湿度	EnvironmentWetbulbTemperature	双精度/single	
493					检定时的环境条件—压力	Environment Pressure	双精度/single	
494					仪器型号	model	字符串/String	
495					出厂编号	sn	字符串/String	
496					生产厂家	producer	字符串/String	
497					计量检定证书编号	CertificateNo	字符串/String	
498					检定日期	CertificateDate	日期/Date	格式：YYYYMMDD
499					超检日期	Ultra inspectiondate	日期/Date	格式：YYYYMMDD
500					送检单位名称	Inspectionname	字符串/String	
501	自动气象站	Automatic Meteorological Station	15 cm 地温传感器	Ground Temperature −15 cm	送检单位地址	Inspection-path	字符串/String	
502					检定类型	Verification-type	字符串/String	
503					检定依据	Verification-base	字符串/String	
504					检定机构名称	Nameofcertificationauthority	字符串/String	
505					检定机构地址	PathOfCertificationAuthority	字符串/String	
506					检定机构授权证书号	AuthorizationCode	字符串/String	
507					检定人员	verificationPersonnel	字符串/String	
508					检定核验员	recheck	字符串/String	
509					检定批准人	approver	字符串/String	
510					检定时的环境条件—温度	EnvironmentTemperature	双精度/single	

续表

序号	要素分类	要素分类（英文）	传感器	传感器（英文）	要素名	要素名（英文）	类型	备注
511	自动气象站	Automatic Meteorological Station	15 cm 地温传感器	Ground Temperature −15 cm	检定时的环境条件—湿度	EnvironmentWetbulbTemperature	双精度/single	
512					检定时的环境条件—压力	Environment Pressure	双精度/single	
513					仪器型号	model	字符串/String	
514					出厂编号	sn	字符串/String	
515					生产厂家	producer	字符串/String	
516					计量检定证书编号	CertificateNo	字符串/String	
517					检定日期	CertificateDate	日期/Date	格式：YYYYMMDD
518					超检日期	Ultra inspectiondate	日期/Date	格式：YYYYMMDD
519					送检单位名称	Inspectionname	字符串/String	
520	自动气象站	Automatic Meteorological Station	20 cm 地温传感器	Ground Temperature −20 cm	送检单位地址	Inspection-path	字符串/String	
521					检定类型	Verification-type	字符串/String	
522					检定依据	Verification-base	字符串/String	
523					检定机构名称	Nameofcertificationauthority	字符串/String	
524					检定机构地址	PathOfCertificationAuthority	字符串/String	
525					检定机构授权证书号	AuthorizationCode	字符串/String	
526					检定人员	verificationPersonnel	字符串/String	
527					检定核验员	recheck	字符串/String	
528					检定批准人	approver	字符串/String	
529					检定时的环境条件—温度	EnvironmentTemperature	双精度/single	

续表

序号	要素分类	要素分类（英文）	传感器	传感器（英文）	要素名	要素名（英文）	类型	备注
530	自动气象站	Automatic Meteorological Station	20 cm 地温传感器	Ground Temperature −20 cm	检定时的环境条件—湿度	EnvironmentWetbulbTemperature	双精度/single	
531					检定时的环境条件—压力	Environment Pressure	双精度/single	
532					仪器型号	model	字符串/String	
533					出厂编号	sn	字符串/String	
534					生产厂家	producer	字符串/String	
535					计量检定证书编号	CertificateNo	字符串/String	
536					检定日期	CertificateDate	日期/Date	格式：YYYYMMDD
537					超检日期	Ultra inspectiondate	日期/Date	格式：YYYYMMDD
538	自动气象站	Automatic Meteorological Station	40 cm 地温传感器	Ground Temperature −40 cm	送检单位名称	Inspectionname	字符串/String	
539					送检单位地址	Inspection-path	字符串/String	
540					检定类型	Verification-type	字符串/String	
541					检定依据	Verification-base	字符串/String	
542					检定机构名称	Nameofcertificationauthority	字符串/String	
543					检定机构地址	PathOfCertificationAuthority	字符串/String	
544					检定机构授权证书号	AuthorizationCode	字符串/String	
545					检定人员	verificationPersonnel	字符串/String	
546					检定核验员	recheck	字符串/String	
547					检定批准人	approver	字符串/String	
548					检定时的环境条件—温度	EnvironmentTemperature	双精度/single	

续表

序号	要素分类	要素分类（英文）	传感器	传感器（英文）	要素名	要素名（英文）	类型	备注
549	自动气象站	Automatic Meteorological Station	40 cm 地温传感器	Ground Temperature -40 cm	检定时的环境条件-湿度	EnvironmentWetbulbTemperature	双精度/single	
550				Ground Temperature -40 cm	检定时的环境条件-压力	Environment Pressure	双精度/single	
551					仪器型号	model	字符串/String	
552					出厂编号	sn	字符串/String	
553					生产厂家	producer	字符串/String	
554					计量检定证书编号	CertificateNo	字符串/String	
555					检定日期	CertificateDate	日期/Date	格式：YYYYMMDD
556					超检日期	Ultra inspectiondate	日期/Date	格式：YYYYMMDD
557					送检单位名称	Inspectionname	字符串/String	
558	自动气象站	Automatic Meteorological Station	80 cm 地温传感器	Ground Temperature -80 cm	送检单位地址	Inspection-path	字符串/String	
559					检定类型	Verification-type	字符串/String	
560					检定依据	Verification-base	字符串/String	
561					检定机构名称	Nameofcertificationauthoriv	字符串/String	
562					检定机构地址	PathOfCertificationAuthoriv	字符串/String	
563					检定机构授权证书号	AuthorizationCode	字符串/String	
564					检定人员	verificationPersonnel	字符串/String	
565					检定核验员	recheck	字符串/String	
566					检定批准人	approver	字符串/String	
567					检定时的环境条件-温度	EnvironmentTemperature	双精度/single	

续表

序号	要素分类	要素分类（英文）	传感器	传感器（英文）	要素名	要素名（英文）	类型	备注
568	自动气象站	Automatic Meteorological Station	80 cm 地温传感器	Ground Temperature −80 cm	检定时的环境条件—湿度	EnvironmentWetbulbTemperature	双精度/single	
569					检定时的环境条件—压力	Environment Pressure	双精度/single	
570					仪器型号	model	字符串/String	
571					出厂编号	sn	字符串/String	
572					生产厂家	producer	字符串/String	
573					计量检定证书编号	CertificateNo	字符串/String	
574					检定日期	CertificateDate	日期/Date	格式：YYYYMMDD
575					超检日期	Ultra inspectiondate	日期/Date	格式：YYYYMMDD
576	自动气象站	Automatic Meteorological Station	160 cm 地温传感器	Ground Temperature −160 cm	送检单位名称	Inspectionname	字符串/String	
577					送检单位地址	Inspection-path	字符串/String	
578					检定类型	Verification-type	字符串/String	
579					检定依据	Verification-base	字符串/String	
580					检定机构名称	Nameofcertificationauthority	字符串/String	
581					检定机构地址	PathOfCertificationAuthority	字符串/String	
582					检定机构授权证书号	AuthorizationCode	字符串/String	
583					检定人员	verificationPersonnel	字符串/String	
584					检定核验员	recheck	字符串/String	
585					检定批准人	approver	字符串/String	
586					检定时的环境条件—温度	EnvironmentTemperature	双精度/single	

续表

序号	要素分类	要素分类（英文）	传感器	传感器（英文）	要素名	要素名（英文）	类型	备注
587	自动气象站	Automatic Meteorological Station	160 cm 地温传感器	Ground Temperature −160 cm	检定时的环境条件—湿度	EnvironmentWetbulbTemperature	双精度/single	
588					检定时的环境条件—压力	Environment Pressure	双精度/single	
589					仪器型号	model	字符串/String	
590					出厂编号	sn	字符串/String	
591					生产厂家	producer	字符串/String	
592					计量检定证书编号	CertificateNo	字符串/String	
593					检定日期	CertificateDate	日期/Date	格式：YYYYMMDD
594					超检日期	Ultra inspectiondate	日期/Date	格式：YYYYMMDD
595					送检单位名称	Inspectionname	字符串/String	
596	自动气象站	Automatic Meteorological Station	320 cm 地温传感器	Ground Temperature −320 cm	送检单位地址	Inspection-path	字符串/String	
597					检定类型	Verification-type	字符串/String	
598					检定依据	Verification-base	字符串/String	
599					检定机构名称	NameofcertificationauthoritV	字符串/String	
600					检定机构地址	PathOfCertificationAuthoritV	字符串/String	
601					检定机构授权证书号	AuthorizationCode	字符串/String	
602					检定人员	verificationPersonnel	字符串/String	
603					检定核验员	recheck	字符串/String	
604					检定批准人	approver	字符串/String	
605					检定时的环境条件—温度	EnvironmentTemperature	双精度/single	

续表

序号	要素分类	要素分类（英文）	传感器	传感器（英文）	要素名	要素名（英文）	类型	备注
606	自动气象站	Automatic Meteorological Station	320 cm地温传感器	Ground Temperature−320 cm	检定时的环境条件—湿度	EnvironmentWetbulbTemperature	双精度/single	
607					检定时的环境条件—压力	Environment Pressure	双精度/single	
608					仪器型号	model	字符串/String	
609					出厂编号	sn	字符串/String	
610					生产厂家	producer	字符串/String	
611					计量检定证书编号	CertificateNo	字符串/String	
612					检定日期	CertificateDate	日期/Date	格式：YYYYMMDD
613					超检日期	Ultra inspectiondate	日期/Date	格式：YYYYMMDD
614	自动气象站	Automatic Meteorological Station	草温传感器	GrassSurface	送检单位名称	Inspectionname	字符串/String	
615					送检单位地址	Inspection-path	字符串/String	
616					检定类型	Verification-type	字符串/String	
617					检定依据	Verification-base	字符串/String	
618					检定机构名称	Nameofcertificationauthority	字符串/String	
619					检定机构地址	PathOfCertificationAuthority	字符串/String	
620					检定机构授权证书号	AuthorizationCode	字符串/String	
621					检定人员	verificationPersonnel	字符串/String	
622					检定核验员	recheck	字符串/String	
623					检定批准人	approver	字符串/String	
624					检定时的环境条件—温度	EnvironmentTemperature	双精度/single	

续表

序号	要素分类	要素分类（英文）	传感器	传感器（英文）	要素名	要素名（英文）	类型	备注
625	自动气象站	Automatic Meteorological Station	草温传感器	GrassSurface	检定时的环境条件—湿度	EnvironmentWetbulbTemperature	双精度/single	
626					检定时的环境条件—压力	Environment Pressure	双精度/single	
627					仪器型号	model	字符串/String	
628					出厂编号	sn	字符串/String	
629					生产厂家	producer	字符串/String	
630					计量检定证书编号	CertificateNo	字符串/String	
631					检定日期	CertificateDate	日期/Date	格式：YYYYMMDD
632					超检日期	Ultra inspectiondate	日期/Date	格式：YYYYMMDD
633					送检单位名称	Inspectionname	字符串/String	
634	自动气象站	Automatic Meteorological Station	能见度传感器	Visibility Instrument	送检单位地址	Inspection-path	字符串/String	
635					检定类型	Verification-type	字符串/String	
636					检定依据	Verification-base	字符串/String	
637					检定机构名称	Nameofcertificationauthority	字符串/String	
638					检定机构地址	PathOfCertificationAuthority	字符串/String	
639					检定机构授权证书号	AuthorizationCode	字符串/String	
640					检定人员	verificationPersonnel	字符串/String	
641					检定核验员	recheck	字符串/String	
642					检定批准人	approver	字符串/String	
643					检定时的环境条件—温度	EnvironmentTemperature	双精度/single	

续表

序号	要素分类	要素分类(英文)	传感器	传感器(英文)	要素名	要素名(英文)	类型	备注
644	自动气象站	Automatic Meteorological Station	能见度传感器	Visibility Instrument	检定时的环境条件—湿度	EnvironmentWetbulbTemperature	双精度/single	
645					检定时的环境条件—压力	Environment Pressure	双精度/single	
646					生产厂家	producer	字符串/String	
647					计量检定证书编号	CertificateNo	字符串/String	
648					检定日期	CertificateDate	日期/Date	格式：YYYYMMDD
649					超检日期	Ultra inspectiondate	日期/Date	格式：YYYYMMDD
650					送检单位名称	Inspectionname	字符串/String	
651					送检单位地址	Inspection-path	字符串/String	
652			综合集成硬件控制器	Hardware Controller	检定类型	Verification-type	字符串/String	
653	自动气象站	Automatic Meteorological Station			检定依据	Verification-base	字符串/String	
654					检定机构名称	Nameofcertificationauthority	字符串/String	
655					检定机构地址	PathOfCertificationAuthority	字符串/String	
656					检定机构授权证书号	AuthorizationCode	字符串/String	
657					检定人员	verificationPersonnel	字符串/String	
658					检定核验员	recheck	字符串/String	
659					检定批准人	approver	字符串/String	
660					检定时的环境条件—温度	EnvironmentTemperature	双精度/single	
661					检定时的环境条件—湿度	EnvironmentWetbulbTemperature	双精度/single	
662					检定时的环境条件—压力	Environment Pressure	双精度/single	

续表

序号	要素分类	要素分类（英文）	传感器	传感器（英文）	要素名	要素名（英文）	类型	备注
663	辐射站	radiationstation	净辐射传感器	Net Pyranometer	检定时的环境条件－湿度	Environ mentWetbulb Temperature	双精度/single	
664					检定时的环境条件－压力	Environment Pressure	双精度/single	
665					检定日期	CertificateDate	日期/Date	格式：YYYYMMDD
666					超检日期	Ultra inspectiondate	日期/Date	格式：YYYYMMDD
667					送检单位名称	Inspectionname	字符串/String	
668					送检单位地址	Inspection-path	字符串/String	
669					检定类型	Verification-type	字符串/String	
670					检定依据	Verification-base	字符串/String	
671					检定机构名称	Nameofcertificationauthority	字符串/String	
672					检定机构地址	PathOfCertificationAuthority	字符串/String	
673					检定机构授权证书号	AuthorizationCode	字符串/String	
674					检定人员	verificationPersonnel	字符串/String	
675					检定核验员	recheck	字符串/String	
676					检定批准人	approver	字符串/String	
677					检定时的环境条件－温度	EnvironmentTemperature	双精度/single	
678					检定时的环境条件－湿度	EnvironmentWetbulbTemperature	双精度/single	
679					检定时的环境条件－压力	Environment Pressure	双精度/single	
680					检定时的环境条件－湿度	EnvironmentWetbulbTemperature	双精度/single	
681					检定时的环境条件－压力	Environment Pressure	双精度/single	

续表

序号	要素分类	要素分类（英文）	传感器	传感器（英文）	要素名	要素名（英文）	类型	备注
682					仪器型号	model	字符串/String	
683					出厂编号	sn	字符串/String	
684					生产厂家	producer	字符串/String	
685					计量检定证书编号	CertificateNo	字符串/String	
686					检定日期	CertificateDate	日期/Date	格式：YYYYMMDD
687					超检日期	Ultra inspectiondate	日期/Date	格式：YYYYMMDD
688					送检单位名称	Inspectionname	字符串/String	
689					送检单位地址	Inspection-path	字符串/String	
690					检定类型	Verification-type	字符串/String	
691	辐射站	radiationstation	直接辐射传感器	Direct	检定依据	Verification-base	字符串/String	
692					检定机构名称	Nameofcertificationauthority	字符串/String	
693					检定机构地址	PathOfCertificationAuthority	字符串/String	
694					检定机构授权证书号	AuthorizationCode	字符串/String	
695					检定人员	verificationPersonnel	字符串/String	
696					检定核验员	recheck	字符串/String	
697					检定批准人	approver	字符串/String	
698					检定时的环境条件—温度	EnvironmentTemperature	双精度/single	
699					检定时的环境条件—湿度	EnvironmentWetbulbTemperature	双精度/single	
700					检定时的环境条件—压力	Environment Pressure	双精度/single	

续表

序号	要素分类	要素分类（英文）	传感器	传感器（英文）	要素名	要素名（英文）	类型	备注
701					仪器型号	model	字符串／String	
702					出厂编号	sn	字符串／String	
703					生产厂家	producer	字符串／String	
704					计量检定证书编号	CertificateNo	字符串／String	
705					检定日期	CertificateDate	日期／Date	格式：YYYYMMDD
706					超检日期	Ultra inspectiondate	日期／Date	格式：YYYYMMDD
707	辐射站	radiationstation	反射辐射传感器	Reflection	送检单位名称	Inspectionname	字符串／String	
708					送检单位地址	Inspection-path	字符串／String	
709					检定类型	Verification-type	字符串／String	
710					检定依据	Verification-base	字符串／String	
711					检定机构名称	Nameofcertificationauthoritv	字符串／String	
712					检定机构地址	PathOfCertificationAuthoritv	字符串／String	
713					检定机构授权证书号	AuthorizationCode	字符串／String	
714					检定人员	verificationPersonnel	字符串／String	
715					检定核验员	recheck	字符串／String	
716					检定批准人	approver	字符串／String	
717					检定时的环境条件—温度	EnvironmentTemperature	双精度／single	
718					检定时的环境条件—湿度	EnvironmentWetbulbTemperature	双精度／single	
719					检定时的环境条件—压力	Environment Pressure	双精度／single	

续表

序号	要素分类	要素分类（英文）	传感器	传感器（英文）	要素名	要素名（英文）	类型	备注
720					仪器型号	model	字符串/String	
721					出厂编号	sn	字符串/String	
722					生产厂家	producer	字符串/String	
723					计量检证书编号	CertificateNo	字符串/String	
724					仪器型号	model	字符串/String	仪器型号
725					出厂编号	sn	字符串/String	出厂编号
726					送检单位名称	Inspectionname	字符串/String	
727					送检单位地址	Inspection-path	字符串/String	
728	辐射站	radiationstation	散射辐射传感器	Scattering	检定类型	Verification-type	字符串/String	
729					检定依据	Verification-base	字符串/String	
730					检定机构名称	Nameofcertificationauthority	字符串/String	
731					检定机构地址	PathOfCertificationAuthority	字符串/String	
732					检定机构授权证书号	AuthorizationCode	字符串/String	
733					检定人员	verificationPersonnel	字符串/String	
734					检定核验员	recheck	字符串/String	
735					检定批准人	approver	字符串/String	
736					检定时的环境条件—温度	EnvironmentTemperature	双精度/single	
737					检定时的环境条件—湿度	EnvironmentWetbulbTemperature	双精度/single	
738					检定时的环境条件—压力	Environment Pressure	双精度/single	